BWL kompakt und verständlich

Notger Carl • Rudolf Fiedler • William Jórasz
Manfred Kiesel

BWL kompakt und verständlich

Für Studierende von Ingenieurs- und
IT-Studiengängen sowie für Fach- und
Führungskräfte ohne BWL-Studium

4., überarbeitete und aktualisierte Auflage

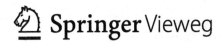

Notger Carl
Fakultät Wirtschaftswissenschaften
FHWS Fakultät Wirtschaftswissenschaften
Würzburg, Deutschland

Rudolf Fiedler
Fakultät Wirtschaftswissenschaften
FHWS Fakultät Wirtschaftswissenschaften
Würzburg, Deutschland

William Jórasz
Fakultät Wirtschaftswissenschaften
FHWS Fakultät Wirtschaftswissenschaften
Würzburg, Deutschland

Manfred Kiesel
Fakultät Wirtschaftswissenschaften
FHWS Fakultät Wirtschaftswissenschaften
Würzburg, Deutschland

Dieser Titel erschien in 1. Auflage unter dem Titel Grundkurs Betriebswirtschafslehre

ISBN 978-3-658-17063-9   ISBN 978-3-658-17064-6 (eBook)
DOI 10.1007/978-3-658-17064-6

Die Deutsche Nationalbibliothek verzeichnet diese Publikation in der Deutschen Nationalbibliografie; detaillierte bibliografische Daten sind im Internet über http://dnb.d-nb.de abrufbar.

Springer Vieweg

Gedruckt auf säurefreiem und chlorfrei gebleichtem Papier

Springer Vieweg ist Teil von Springer Nature
Die eingetragene Gesellschaft ist Springer Fachmedien Wiesbaden GmbH
Die Anschrift der Gesellschaft ist: Abraham-Lincoln-Strasse 46, 65189 Wiesbaden, Germany

Vorwort

Eine Investition in Wissen
bringt immer noch die besten Zinsen
(B. Franklin)

In Wirtschaft und Verwaltung können Arbeitsaufgaben in zunehmendem Maße nur noch dann umfassend und erfolgreich gelöst werden, wenn sie betriebswirtschaftliches Wissen berücksichtigen. Das bedeutet, dass sich auch Mitarbeiter ohne betriebswirtschaftliche Ausbildung ökonomischen Fragestellungen widmen müssen. Häufig kommt es dabei weniger auf Detailwissen als vielmehr auf die Fähigkeit an, betriebswirtschaftlich relevante Sachverhalte in ihrem Zusammenhang zu erfassen und zu beurteilen.

Ziel des vorliegenden Buches ist es deshalb, praxisrelevantes Grundlagenwissen zu vermitteln. Aus der langjährigen Praxiserfahrung der Autoren werden nur diejenigen Bereiche behandelt, die für das tägliche Wirtschaften von Bedeutung sind. Das durchgängige Beispiel der Flitzer AG, eines Fahrradherstellers, verdeutlicht am Ende eines jeden Kapitels die praktische Umsetzung des vorher dargestellten. Das personifizierte Organigramm dient dem Leser zur Orientierung im Unternehmen.

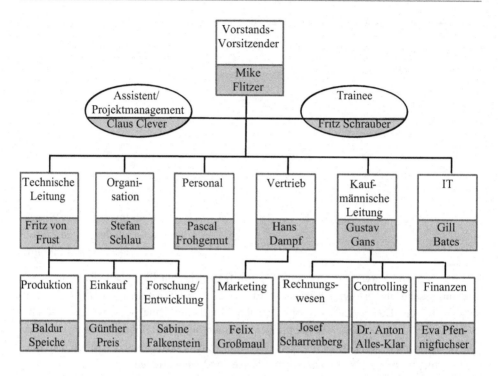

Die schnelle Erarbeitung der Themen wird durch die für einen Überblick gebotene Kürze und durch die Vielzahl von Beispielen zur anschaulichen Erläuterung gewährleistet. Der leichteren Orientierung dienen auch weiterführende Literaturhinweise oder Internetadressen im Literaturverzeichnis.

Das Buch wendet sich insbesondere an denjenigen Leser, der den Einstieg in betriebswirtschaftliche Fragestellungen sucht, diese kompakt behandelt wissen möchte und auch zu weiterführenden Lösungsansätzen geleitet werden will. Insbesondere technisch orientierte Fach- und Führungskräfte mit Berufserfahrung sollen so das notwendige Wissen für die Zusammenarbeit mit Kaufleuten und Managern erwerben. Die funktionsübergreifende Arbeit wird durch das gemeinsame Verständnis bedeutend erleichtert

Würzburg März 2017   Notger Carl
                                                                       Rudolf Fiedler
                                                                      William Jórasz
                                                                     Manfred Kiesel

Über die Autoren

Prof. Dr. Notger Carl arbeitete nach seinem Studium bei der Bayerischen Hypo- und Vereinsbank AG. Anschließend war er in leitender Stellung im Controlling der FAG Kugelfischer KG tätig.

Er lehrt die Fächer Finanzierung/Investition und Unternehmensführung an der Fachhochschule Würzburg-Schweinfurt.

Prof. Dr. Carl ist Autor von Lehrbüchern und als Berater im Bereich Restrukturierung in Unternehmenskrisen und Finanzmanagement tätig.

Internet: www.fwiwi.fhws.de/carl

Prof. Dr. Rudolf Fiedler erwarb seine Berufspraxis als Systemanalytiker und Organisator bei der Messerschmitt-Bölkow-Blohm GmbH und als leitender Angestellter im Controlling der Robert Bosch GmbH. Außerdem arbeitete er im Rahmen seiner Promotion mehrere Jahre mit der SAP AG zusammen.

Er vertritt die Fächer Controlling und Projektmanagement an der Hochschule für angewandte Wissenschaften Würzburg-Schweinfurt.

Prof. Dr. Fiedler hat neben zahlreichen Fachaufsätzen mehrere Bücher geschrieben; er berät Unternehmen bei der Gestaltung des Projektcontrollings und bietet Seminare über Projektmanagement und Projektcontrolling.

Internet: www.projektcontroller.de

Prof. Dr. William Jórasz war nach seinem Studium als leitender Angestellter im Rechnungswesen der Daimler AG tätig.

Er vertritt die Fächer Controlling, Kosten- und Leistungsrechnung und Unternehmensführung an der Hochschule Würzburg-Schweinfurt.

Als Autor hat Prof. Dr. Jórasz mehrere Bücher und Artikel in Fachzeitschriften publiziert. Er ist als Berater und Seminarleiter im Bereich Controlling, insbesondere Kosten- und Erfolgscontrolling, Kostenrechnung und Kostenmanagement tätig.

Internet: www.jorasz.de

Prof. Dr. Manfred Kiesel war nach der Promotion für drei Jahre zunächst im PKW-Vertrieb der Daimler AG tätig, um dann für das gleiche Unternehmen die Marketingplanung für den deutschen Markt zu verantworten.

An der Hochschule Würzburg-Schweinfurt vertritt er die Fächer Unternehmensführung und Internationale Betriebswirtschaft.

Prof. Dr. Kiesel ist Autor zu Themen der Unternehmensführung und des Internationalen Projektmanagements. Er ist als Außenwirtschaftsberater mit den Schwerpunktregionen Osteuropa und Asien tätig und veranstaltet Seminare zum Internationalen Projektmanagement.

Internet: www.fwiwi.fhws.de/kiesel

Inhaltsverzeichnis

1 **Unternehmensführung** 1
   1.1 Grundlagen 1
   1.2 Zielsystem 3
   1.3 Planungssystem 5
      1.3.1 Zeitliche Gliederung 7
      1.3.2 Sachliche Gliederung 9
   1.4 Umwelt- und Unternehmensanalyse 10
      1.4.1 Umweltanalyse: Markt und Umfeld 12
      1.4.2 Unternehmensanalyse 18
   1.5 Entwicklung von Wettbewerbsstrategien 20
      1.5.1 Kostenführerschaft 22
      1.5.2 Präferenzstrategie 24
   1.6 Beispiel 26
   Literatur 27

2 **Kosten- und Erfolgscontrolling** 29
   2.1 Grundlagen 29
      2.1.1 Aufgaben der Kosten- und Leistungsrechnung 29
      2.1.2 Teilgebiete einer Kosten- und Leistungsrechnung 30
      2.1.3 Begriffliche Abgrenzungen 31
   2.2 Kostenartenrechnung 36
      2.2.1 Aufgaben der Kostenartenrechnung 36
      2.2.2 Gliederung der Kostenarten 36
      2.2.3 Erfassung und Verrechnung der Kostenarten 38
   2.3 Kostenstellenrechnung 41
      2.3.1 Aufgaben und Überblick 41
      2.3.2 Verteilung der primären Gemeinkosten im BAB – Teil I 42
      2.3.3 Innerbetriebliche Leistungsverrechnung im BAB – Teil II 45
      2.3.4 Ermittlung der Zuschlagssätze im BAB – Teil III 48

2.4   Vollkostenkalkulation bei Einzel-, Auftrags- und Serienfertigung 49
    2.4.1   Aufbau der Zuschlagskalkulation 49
    2.4.2   Zuschlagskalkulation bei der Flitzer AG 52
    2.4.3   Kurzfristige Erfolgsrechnung (Betriebsergebnisrechnung) 54
2.5   Kostenkontrolle 56
2.6   Teilkostenrechnung 60
    2.6.1   Teilkostenprinzip 60
    2.6.2   Deckungsbeitragsrechnung 61
2.7   Beispiel 63
Literatur 64

3   Marketing 65
3.1   Grundlagen 65
3.2   Produktangebot 66
    3.2.1   Produktgestaltung 66
    3.2.2   Programmgestaltung 67
    3.2.3   Service 68
3.3   Preisgestaltung 69
    3.3.1   Preisfestlegung 70
    3.3.2   Rabatte 74
    3.3.3   Finanzierungsangebote 74
3.4   Werbung 75
    3.4.1   Massenwerbung 76
    3.4.2   Persönlicher Verkauf 80
    3.4.3   Verkaufsförderung 83
    3.4.4   Öffentlichkeitsarbeit 84
3.5   Vertrieb 85
    3.5.1   Wahl der Absatzwege 86
    3.5.2   Vertriebslogistik 89
3.6   Beispiel 91
Literatur 92

4   Organisation 93
4.1   Grundlagen 93
4.2   Aufbauorganisation 95
    4.2.1   Aufgabenanalyse 95
    4.2.2   Stellenbildung 95
    4.2.3   Abteilungsbildung 97
    4.2.4   Organisationsformen 97
4.3   Ablauforganisation und Gestaltung von Prozessen 101
    4.3.1   Ziele der Prozessgestaltung 102
    4.3.2   Vorgehensweise bei der Prozessgestaltung 104
4.4   Beispiel 105
Literatur 107

5 Finanzierung und Investitionsrechnung.. 109
    5.1 Grundlagen 109
    5.2 Darstellung in der Bilanz.. 111
    5.3 Finanzierung.. 114
        5.3.1 Finanzplanung... 114
        5.3.2 Finanzierungsarten.. 122
        5.3.3 Außenfinanzierung.. 123
        5.3.4 Innenfinanzierung 125
    5.4 Investition 126
        5.4.1 Investitionsarten 127
        5.4.2 Investitionsrechnung 128
    5.5 Beispiel 134
    Literatur.. 135

6 Personalführung 137
    6.1 Grundlagen 137
    6.2 Führungsstile und -prinzipien... 139
    6.3 Psychologische Grundlagen 141
        6.3.1 Organisationspsychologische Aspekte der Führung 141
        6.3.2 Individualpsychologische Aspekte (Motivationspsychologie)............... 143
        6.3.3 Gruppenpsychologische Aspekte.. 144
        6.3.4 Kommunikationspsychologische Aspekte 147
    Literatur.. 153

7 Projektmanagement 155
    7.1 Grundlagen 155
    7.2 Projektplanung... 159
    7.3 Projektsteuerung und -kontrolle 165
    7.4 IT-Unterstützung des Projektmanagements.. 167
    7.5 Checklisten 167
    7.6 Beispiel 169
    Literatur.. 170

Stichwortverzeichnis.. 171

Abbildungsverzeichnis

Abb. 1.1   Wirtschaftssystem   2
Abb. 1.2   Entscheidungsprozesse   3
Abb. 1.3   Unternehmensziele   4
Abb. 1.4   Zeitliche Gliederung   7
Abb. 1.5   Unterschiede der strategischen, mittel- und kurzfristigen Planung   8
Abb. 1.6   Zusammenhang der einzelnen Teilpläne   10
Abb. 1.7   Der Prozess der Strategieentwicklung   11
Abb. 1.8   Checkliste der gesellschaftlich-wirtschaftlichen Faktoren   13
Abb. 1.9   Checkliste Marktdaten   14
Abb. 1.10   Bedeutung der Branchenmerkmale   15
Abb. 1.11   Polaritätsprofil zur Stärken-/Schwächenanalyse   19
Abb. 1.12   SWOT-Analyse   20
Abb. 1.13   U-Kurve nach Porter   21
Abb. 1.14   Kombinationsmöglichkeiten von Preis und Qualität   22
Abb. 1.15   Charakteristika der Basisstrategien   23

Abb. 2.1   Teilgebiete einer Kosten- und Leistungsrechnung   30
Abb. 2.2   Abgrenzung von Aufwand und Kosten   32
Abb. 2.3   Abgrenzung von Ertrag und Leistung   35
Abb. 2.4   Personalkosten   38
Abb. 2.5   Materialarten   39
Abb. 2.6   Einordnung der Kostenstellenrechnung   41
Abb. 2.7   BAB der Flitzer AG (Teil I)   44
Abb. 2.8   Innerbetriebliche Leistungsverrechnung der Flitzer AG mit dem
            simultanen Gleichungsverfahren (BAB – Teil II)   47
Abb. 2.9   Ermittlung der Zuschlagssätze der Flitzer AG im BAB – (Teil III)...........   50
Abb. 2.10   Grundschema der Zuschlagskalkulation   51
Abb. 2.11   Gesamtkostenverfahren   54
Abb. 2.12   Umsatzkostenverfahren   55
Abb. 2.13   System der Teilkostenrechnung   61

Abb. 3.1   Sortimentsbreite und -tiefe   68
Abb. 3.2   Einflüsse auf den Produktpreis   70
Abb. 3.3   Preisspielraum..   70
Abb. 3.4   Preisgestaltung im Zeitverlauf..   72
Abb. 3.5   Preisabsatzfunktionen   72
Abb. 3.6   Zahlungskonditionen   75
Abb. 3.7   Sender-Empfänger-Modell   76
Abb. 3.8   Reichweiten   79
Abb. 3.9   Streuverluste   80
Abb. 3.10   Gegenläufiger Informations- und Warenfluss   90

Abb. 4.1   Entwicklung organisatorischer Regelungen   94
Abb. 4.2   Stellenarten   97
Abb. 4.3   Klassifizierung unterschiedlicher Organisationsformen.......................   98
Abb. 4.4   Funktionale Organisation...   98
Abb. 4.5   Vor- und Nachteile der funktionalen Organisation   98
Abb. 4.6   Divisionale Organisation   99
Abb. 4.7   Formen der Divisionalisierung   99
Abb. 4.8   Vor- und Nachteile der divisionalen Organisation................................   100
Abb. 4.9   Matrixorganisation...   100
Abb. 4.10   Vor- und Nachteile der Matrixorganisation   101
Abb. 4.11   Tensororganisation   101
Abb. 4.12   Komponenten der Durchlaufzeit..   103
Abb. 4.13   Projektphasen bei der Gestaltung von Prozessen   104
Abb. 4.14   Aufgabenanalyse..   106
Abb. 4.15   Stellenbildung..   106
Abb. 4.16   Abteilungsbildung..   107

Abb. 5.1   Finanzierung und Investition in der Bilanz 1..   111
Abb. 5.2   Finanzierung und Investition in der Bilanz 2..   111
Abb. 5.3   Finanzierung und Investition in der Bilanz 3..   112
Abb. 5.4   Finanzierung und Investition in der Bilanz 4..   112
Abb. 5.5   Finanzierung und Investition in der Bilanz 5..   113
Abb. 5.6   Finanzierung und Investition in der Bilanz 6..   113
Abb. 5.7   Finanzierung und Investition in der Bilanz 7..   114
Abb. 5.8   Ermittlung des Jahresüberschusses...   115
Abb. 5.9   Formen des Kapitalbedarfs   116
Abb. 5.10   Formen der Kapitalbeschaffung...   122
Abb. 5.11   Investitionsarten...   127
Abb. 5.12   Investitionszwecke...   127
Abb. 5.13   Investitionsrechenverfahren   129
Abb. 5.14   Das dynamische Investitionskalkül..   133

Abb. 6.1   Grundlegende Anforderungen an Führungskräfte 138
Abb. 6.2   Führungsverhalten im Verhaltensgitter 140
Abb. 6.3   Typische Soziogramme 146
Abb. 6.4   Fünf Axiome der Theorie menschlicher Kommunikation 149
Abb. 6.5   Nachrichtenquadrat (Modell der Vierseitigkeit von Nachrichten)............ 150

Abb. 7.1   Projektarten 157
Abb. 7.2   Ablauf der Projektplanung 160
Abb. 7.3   Projektauftrag 161
Abb. 7.4   Projektkontrolle und Berichtswesen 165
Abb. 7.5   Aufbau und Inhalte eines Projektfortschrittsberichts 166
Abb. 7.6   Wichtige Prozessschritte der Projektplanung 169

Unternehmensführung

Zusammenfassung

Im Kapitel Unternehmensführung wird erläutert, wie unternehmerische Entscheidungen zustande kommen. Dadurch wird erkennbar, wie man die **Ziele** des Unternehmens formuliert und wie sie in einer lang-, mittel- und kurzfristigen **Planung** konkretisiert werden. Es wird dargelegt, wie man die **Stärken und Schwächen** des Unternehmens und die **Chancen und Risiken** des Unternehmensumfeldes analysiert. Zudem wird ein Überblick über die grundlegenden **Wettbewerbsstrategien** eines Unternehmens gegeben.

1.1 Grundlagen

Das Unternehmen ist eine planvoll organisierte Wirtschaftseinheit, in der Sachgüter und Dienstleistungen erstellt und/oder abgesetzt werden.

Unabhängig vom Wirtschaftssystem (Plan- bzw. Marktwirtschaft) arbeitet es

- mit den **Produktionsfaktoren** Arbeit, Betriebsmittel und Werkstoffe, Kapital und Boden. Der Betriebsfaktor Arbeit wird wiederum aufgegliedert in die ausführende und die leitende Arbeit. Nach der neueren Theorie müssen auch Informationen, Zeit und Kreativität als Produktionsfaktoren betrachtet werden.
- nach den Prinzipien der **Wirtschaftlichkeit**. Bei der Zielsetzung, einen gegebenen Output mit minimalem Einsatz von Produktionsfaktoren zu erwirtschaften, spricht man vom Minimalprinzip; nach dem Maximalprinzip ist bei gegebenem Faktoreinsatz der Ertrag zu maximieren.
- mittelfristig im **finanziellen Gleichgewicht**, d. h. die vorhandenen Zahlungsmittel übertreffen den Zahlungsmittelbedarf.

© Springer Fachmedien Wiesbaden GmbH 2017
N. Carl et al., *BWL kompakt und verständlich*, DOI 10.1007/978-3-658-17064-6_1

Das Unternehmen setzt sich bei einer gewissen Größe zusammen aus verschiedenen Gruppen, die untereinander in Beziehung stehen, und bildet so für sich ein System, welches wiederum aus verschiedenen Subsystemen besteht. Als **Subsysteme** des Unternehmens können Abteilungen, Profitcenter oder sonstige, thematisch, räumlich und/oder personell miteinander verbundene Einheiten bezeichnet werden. Das Unternehmen selbst steht mit verschiedenen Interessensgruppen wie z. B. dem Arbeits-, Kapital- und Absatzmarkt in wechselseitigen Beziehungen und bildet mit diesen zusammen das **Wirtschaftssystem**. Dieses wiederum ist Teil des Gesellschaftssystems, welches mit den Gesellschaftssystemen anderer Länder und Kulturen in Verbindung steht (vgl. Abb. 1.1).

Der Erfolg des Unternehmens wird bestimmt durch die Art und Weise, wie sich das System Unternehmen mit den anderen Systemen abstimmt. Die aktuelle Situation des Unternehmens ist das Ergebnis der historischen Entwicklung, wie es selbst in der Vergangenheit gehandelt hat, wie die umgebenden Systeme darauf reagiert haben et vice versa.

Seine Aufgabe ist die möglichst effiziente Umwandlung der Produktionsfaktoren in gesellschaftlich gewünschte Outputs, wie z. B. Güter, Ertrag, Löhne, Steuern, aber auch Arbeitsplätze. Über die gewünschten Outputs bestehen gegensätzliche Interessen seitens der Arbeitnehmer, Kapitalgeber, Konsumenten etc. Das Unternehmen befindet sich in einem Zielkonflikt.

▶ *Was versteht man unter Unternehmensführung?*

Der Begriff „Führen" wird im allgemeinen Sprachgebrauch mit „Lenken, Steuern, Beeinflussen" gleichgesetzt. Auf die betriebswirtschaftlichen Belange übertragen, ist die **Unternehmensführung** zu definieren

- als die Steuerung von Transformations- und Produktionsprozessen (Sachaspekt) sowie
- als Prozess der Beeinflussung der Subsysteme des Unternehmens (Personalaspekt).

Abb. 1.1 Wirtschaftssystem

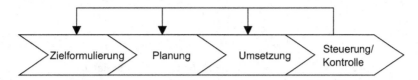

Abb. 1.2 Entscheidungsprozesse

Der Sachaspekt beinhaltet die vielfältigen Problemstellungen im **Leistungsprozess**, der gemäß dem zeitlichen Verlauf der Leistungserstellung in die Funktionsbereiche Beschaffung, Produktion und Absatz eingeteilt wird. Von besonderer Bedeutung ist der Personalaspekt, geht es doch hier um die wechselseitigen Beziehungen zwischen Unternehmensleitung und den verschiedenen Interessensgruppen bei den Entscheidungsprozessen.

Die Entscheidungsprozesse (Abb. 1.2) lassen sich in der zeitlichen Aufeinanderfolge gliedern in Zielformulierung, Planung, Umsetzung und Steuerung/Kontrolle.

Nach den von der Unternehmensleitung vorgegebenen Zielen sind die dafür erforderlichen Maßnahmen zu planen, die dann langfristig und operativ taktisch umzusetzen sind. Gleichzeitig wird die Zielbildung und die Planung jedoch nicht ohne die Rückmeldungen der Umsetzungsergebnisse vorgenommen werden. Die Rückmeldung wiederum veranlasst Gegenmaßnahmen, um das Unternehmen wieder auf die Ziellinie zu bringen. Falls dies nicht gelingt, muss der Plan oder das Ziel revidiert werden.

1.2 Zielsystem

Unter Zielen werden jene Größen verstanden, die die Unternehmensleitung aus eigenen Überlegungen bzw. aufgrund der Veranlassung der sie beeinflussenden Interessensgruppen definiert.

▶ *Wer will was vom Unternehmen?*

So stellen **Kapitalgeber** der Unternehmung Finanzmittel zur Verfügung und fordern eine bestimmte Verzinsung des eingesetzten Kapitals bei einem bestimmten Risikogehalt. Die **Mitarbeiter** überlassen ihre Arbeitskraft der Unternehmung und fordern dafür einen angemessenen Lohn. Die **Kunden** wiederum ermöglichen erst die Existenz der Unternehmung, die aber nur gesichert werden kann, wenn das Qualitäts- und Preisniveau akzeptiert wird. Die **Lieferanten** bieten Materialien und verlangen hierfür entsprechende Marktpreise. Auch der **Staat** beeinflusst die Zielsysteme des Unternehmens, indem er Rechtsvorschriften definiert und Abgaben verlangt.

Die **Unternehmensleitung** selbst wird sich auf die Formulierung der langfristigen Oberziele beschränken. Sie beeinflussen in erheblichem Maße das Unternehmensgeschehen. Die

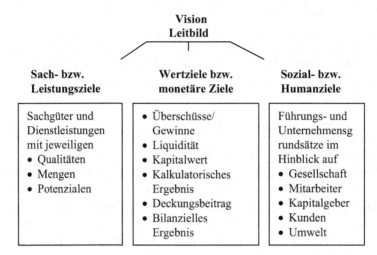

Abb. 1.3 Unternehmensziele

weitere Verfeinerung sollte Aufgabe der jeweiligen Verantwortungsträger in den Fachbereichen sein. Die Abb. 1.3 zeigt die verschiedenen Ziele des Unternehmens.

Der **Zielfindungsprozess** lässt sich in drei Phasen unterteilen:

- Formulierung,
- Prüfung und
- Auswahl.

Jede Phase beruht auf den Ergebnissen der vorhergehenden Phase und hat ihrerseits wieder Auswirkungen auf eine neue Zielformulierung.

Die **Zielformulierung** wird beeinflusst durch unternehmensinterne Gruppen, z. B. Arbeitnehmer, Führungskräfte, einzelne Bereiche, oder aber durch Externe, wie z. B. Kapitalgeber, Staat etc.

Aus der unendlichen Fülle aller denkbaren Ziele wird die Unternehmensleitung zunächst einige Oberziele formulieren, die dann in Teilziele gegliedert werden. Die Teilziele sollen zur Erfüllung des Oberzieles beitragen. Sobald jedoch mehr als ein Ziel vorliegt, bestehen zwischen den Zielen verschiedene Zielbeziehungen.

In der Phase des **Zielfindungsprozesses** erfolgt eine Prüfung der formulierten Ziele hinsichtlich der Erfüllung unterschiedlicher Anforderungen:

- Die **Realisierbarkeit** muss mit den verfügbaren Mitteln möglich sein. Zu hoch gesteckte Ziele demotivieren wegen der Nichterreichbarkeit, zu niedrige Ziele bergen keinen Ansporn in sich.
- Die **Operationalität** verlangt eine Formulierung der Zieldimensionen. Die Zielerfüllung muss sich optimalerweise quantitativ nachvollziehen lassen.

- Nach der Anforderung der **Konsistenz** muss eine Abstimmung zwischen den Zielen auf der Basis des Ist gegeben sein. Ausgangspunkt einer jeden Zielformulierung ist daher die vergangene oder die aktuelle Periode.
- Die **Aktualität** verlangt, dass das Zielsystem den aktuellen Gegebenheiten entspricht. Ist die Realisierung der ursprünglichen Ziele durch aktuelle Entwicklungen nicht mehr möglich, müssen die Ziele revidiert werden.
- Der gesamte Unternehmensbereich muss **vollständig** erfasst werden, um innerhalb des Unternehmens durch ein möglichst geschlossenes Zielsystem eine wechselseitige Abstimmung aller Teilziele gewährleisten zu können.
- Die für die Umsetzung Zuständigen müssen die Ziele **akzeptieren**. Das gilt für den Zielinhalt genauso wie für die Zielhöhe. Die Akzeptanz lässt sich am leichtesten durch die Mitarbeit bei der Zielformulierung gewährleisten.
- Entstehung, Adressat und Zielerreichung müssen **transparent** sein. Als Minimalforderung gilt hier die schriftliche Dokumentation der wichtigsten Ziele.

Nach der Beurteilung erfolgt in einer dritten Stufe die **Zielauswahl**, in der die Alternative, die in Hinblick auf das Oberziel die beste Verwirklichung verspricht, ausgewählt wird. Es wird sich i. d. R. um eine Kombination von Teilzielen handeln. Da sich die Zielerfüllung im Augenblick der Zielformulierung nur unter Unsicherheit beurteilen lässt, kommt hier das unternehmerische Risiko zum Tragen.

Nach der Zielfindung erfolgt die **Zieldurchsetzung** durch formelle Verabschiedung und Delegation an die zuständigen Verantwortungsträger. Durch ständige Soll-Ist-Vergleiche werden Verantwortungsträger und Unternehmensleitung auf eventuelle Lücken bei der Durchsetzung aufmerksam gemacht. Gleichzeitig findet durch den Soll-Ist-Vergleich aber auch eine Zielüberprüfung statt. Zur Wahrung der Zielaktualität ist ständig ein Abgleich zwischen der ursprünglichen Formulierung und den aktuellen Umweltbedingungen vorzunehmen.

1.3 Planungssystem

Planung wird gemeinhin definiert als gedankliche Vorwegnahme zukünftigen Handelns.

Für das Unternehmen ist es entscheidend, zum einen die Zukunft möglichst exakt vorwegzunehmen, zum anderen aber auch für die Zukunft optimal zu entscheiden und zu handeln. Da der Blick in die Zukunft nur unter Unsicherheit möglich ist, gilt es, die Planung so zu gestalten, dass auch das Unerwartete zu bewältigen ist. Die Extrapolation von Erfolgsrezepten bietet hierfür eine nicht immer hinreichende Möglichkeit. Stattdessen ist bereits bei der Zielfindung als erstem Schritt auch den möglichen Unwägbarkeiten Rechnung zu tragen.

▶ *Wie geht man bei der Planung vor?*

Die Planung ist Teil der Führung. In der Planung werden zur Erreichung der Ziele die Steuerungsgrößen (Marktanteil, Gewinn, etc.) in ihrer Höhe festgelegt. Die Verabschiedung der Planung ist daher eine Führungsaufgabe (Hinterhuber 2015).

Der **Planungsprozess** besteht aus sämtlichen Planungsaktivitäten. Analog zum Zielfindungsprozess kann auch beim Planungsprozess in ähnliche Phasen gegliedert werden:

- Problemformulierung
- Maßnahmenformulierung
- Alternativensuche
- Bewertung
- Entscheidung

Diese Phasen müssen für jede der zeitlichen und sachlichen Ebenen der Planungsaktivitäten durchlaufen werden.

Am Anfang eines Planungsprozesses steht stets die **Formulierung des Problemfeldes**. Bei aperiodischen Planungen besteht häufig keine Einigkeit über das Planungsobjekt/Planungszeiträume, oder der Untersuchungsgegenstand ist nicht genau abgegrenzt.

Der zweite Schritt beinhaltet die **Formulierung von Maßnahmen** zur Erreichung der Oberziele, die von den entscheidenden Personen des Unternehmens auch mitgetragen werden sollen.

Danach müssen die **alternativen Maßnahmen** zur Zielerreichung gesucht und bewertet werden. Die Entscheidung, welche Maßnahmen umgesetzt und wie diese realisiert und in der Organisation durchgesetzt werden, erfolgt am Schluss.

Man darf sich diese Phasen jedoch nicht als einen chronologisch ablaufenden Prozess vorstellen. Vielmehr werden verschiedene Phasen u. U. öfters durchlaufen. Es handelt sich also um einen **iterativen Prozess.** Setzt man sich beispielsweise das Ziel, seinen Marktanteil erheblich auszubauen, und stellt fest, dass dies nur über eine Reduktion der Preise möglich ist, diese dann aber bei gegebener Kostenstruktur zu enormen Verlusten führen, wird man u. U. nach der Phase der Alternativensuche wieder in die Zieldefinition zurückgehen, da das Ziel unrealistisch war.

Besonders anschaulich wird dieses Problem bei der Formulierung von Budgets oder Mittelfristplanungen. Der zuerst erstellte Plan ist i. d. R. der Absatzplan. Durch die Schätzung von Preisentwicklungen wird der Umsatzplan erarbeitet, der u. a. in den Liquiditätsplan mündet. Produktions- und Investitionspläne müssen aufgrund des Absatzplanes erstellt werden. Die Personal-, Bestands- und Einkaufspläne werden dazu stimmig erarbeitet. Stellt sich nach der Fertigstellung aller Teilpläne später heraus, dass das resultierende Ergebnis von der Geschäftsleitung als nicht ausreichend bezeichnet wird, so stehen zwei **Möglichkeiten der Korrektur** zur Verfügung:

- Änderung der Absatz- und/oder Umsatzpläne durch eine Erhöhung der geplanten Absatzmenge bzw. Erhöhung der Preise.

- Durchführung von Kostenmaßnahmen in den verschiedensten Bereichen (z.B. Personal verringern, Einkaufspreise reduzieren, Bestände besser unter Kontrolle halten, Forderungen schneller einziehen etc.).

In jedem Fall müssen vorher erstellte Pläne geändert werden. Auch hier handelt es sich also um einen iterativen Prozess.

1.3.1 Zeitliche Gliederung

Der Planungsprozess beinhaltet alle Planungsaktivitäten mit unterschiedlichem zeitlichem Horizont. Es wird daher nach der Länge des Planungshorizontes unterteilt in die

- Strategische Planung,
- Mittelfristplanung und
- Budgetplanung.

▶ *Für welchen Zeitraum wird geplant?*

Die **Strategie** gibt den Aktionsspielraum des Unternehmens vor, ohne damit die Kreativität für neue Ideen einzuschränken. Zielsetzung ist es, in einer sich wandelnden Welt neue Potenziale frühzeitig abzugrenzen und in diesen die Führerschaft anzustreben bzw. zu verteidigen. Die **mittelfristige Planung** belegt die Vorgaben der Strategie mit Maßnahmen. Sie befasst sich mit der optimalen Nutzung der bestehenden Potenziale. In der **Budgetplanung** wird die kurzfristige Steuerung des Geschäftsverlaufes, die Erreichung des periodenbezogenen Erfolges geregelt. Die zeitlich gestaffelten Pläne müssen miteinander konsistent sein (vgl. Abb. 1.4).

Abb. 1.4 Zeitliche Gliederung

Merkmale	strategisch	mittelfristig	kurzfristig
Zeithorizont	5-10 Jahre	2-5 Jahre	eine Wirtschaftsperiode (Jahr)
hierarchische Stufe	oberste Führungsebene	Planungsabteilung	alle Verantwortungsbereiche
Unsicherheit	groß	abhängig von Prognosen	korrigierbar
Detaillierung	formlose Formulierungen	vorgegebenes Raster	umfassende Beschreibung
Alternativen	großer Freiheitsgrad	Vorgabe der Oberziele	nur in engen Grenzen
Denkweise	ganzheitlich	zeitraumbezogen	periodenbezogen

Abb. 1.5 Unterschiede der strategischen, mittel- und kurzfristigen Planung

Aus Abb. 1.5 werden die wesentlichen Unterschiede zwischen strategischer, mittelfristiger und kurzfristiger Budgetplanung ersichtlich.

1.3.1.1 Strategische Planung

Strategien sind Verhaltens- und Verfahrensweisen zur Sicherung der **zukünftigen Erfolgspotenziale**. Sie betreffen die Gesamtunternehmung mit allen Aktivitätsbereichen.

▶ *Welche Aufgaben hat die Strategische Planung?*

Die Hauptaufgabe der strategischen Planung liegt darin, die **Veränderungen** wirtschaftlicher, technischer, gesetzlicher und gesellschaftlicher Natur zu erkennen und darauf das Unternehmen auszurichten.

In der strategischen Planung werden alle Maßnahmen qualitativer und quantitativer Art, für einen Zeitpunkt bzw. -raum in der Zukunft festgelegt. Früher waren Zehnjahreszeiträume üblich heute begnügt man sich häufig mit fünf Jahren. Die strategischen Ziele sind noch nicht sehr detailliert. Je weiter die Zukunft entfernt ist, desto schwieriger ist es, eine gute Prognose zu stellen. Eine in Einzelheiten gehende Zieldefinition bei gleichzeitig erheblicher Unsicherheit über zukünftige Entwicklungen täuscht deshalb nur eine Ziel- und Planungsgenauigkeit vor und verführt zu einer gefährlichen Prognosegläubigkeit.

Die strategische Planung bildet das Verbindungsstück zwischen der Unternehmenspolitik und der mittelfristigen Planung, die schon in recht detaillierter und quantitativer Form die Entwicklung des Unternehmens darstellt.

1.3.1.2 Mittelfristplanung

In der Mittelfristplanung (Mifri) wird festgelegt, wie weit in der Zukunft liegende Ziele erreicht werden. Die Basis dafür sind die aufgrund der Umwelt- und Unternehmensanalyse erstellten Prognosen sowie die dafür entwickelten Wettbewerbsstrategien. Diese Mittelfristplanung umfasst das Budgetjahr und die folgenden fünf Jahre. Sie ist wesentlich detaillierter in ihren Aussagen als die Definition der strategischen Ziele und sollte rollierend jedes Jahr erstellt werden. Dieses **rollierende** Verfahren gewährleistet, dass die Führung sich kontinuierlich, zumindest jedes Jahr einmal, über die Umwelt- und Unternehmensentwicklung und zukünftige sich abzeichnende Veränderungen, die u. U. von den früheren Prognosen abweichen, Gedanken macht. Die Mittelfristplanung löst somit Anpassungen z. B. in den Bereichen der Absatz-, Umsatz-, Investitions- und Produktionsplanung aus.

Die jährliche rollierende Planung erlaubt auch eine Überprüfung, ob die strategischen Ziele überhaupt noch im Rahmen des Zeitplans erreichbar sind. Das bedeutet, dass die strategischen Ziele und die Mittelfristplanung auf ihre **Konsistenz** hin untersucht werden müssen. Die Mittelfristplanung wird deshalb auch als Anlass gesehen, die strategischen Ziele periodisch zu überdenken.

Die Mittelfristplanung bezieht sich auf das Gesamtunternehmen, strategische Geschäftsfelder und gegebenenfalls noch auf Organisationsebenen, die unterhalb der strategischen Geschäftseinheit angesiedelt sind.

1.3.1.3 Budgetplanung

Die Budgetplanung ist der kurzfristigste Plan innerhalb des Planungssystems. Er stellt einen **Einjahresplan** dar. Die Schnittstellenproblematik mit der Mittelfristplanung lässt sich am besten dadurch lösen, dass das Jahresbudget das erste Jahr der Mittelfristplanung darstellt und alle nachfolgenden Jahrespläne darauf aufbauen.

Das Budget – oft auch operativer Plan genannt – ist sehr detailliert und wird i. d. R. bis auf Kostenstellenebene durchgeführt. Der höhere Detaillierungsgrad des Budgets gegenüber der Mittelfristplanung ist sinnvoll, weil das folgende Jahr wohl am besten zu überschauen ist und auch genauere Richtlinien für die Disposition notwendig sind.

1.3.2 Sachliche Gliederung

Der Unternehmensplan besteht aus verschiedenen Teilplänen. Sie beschränken sich nur auf einen Teil des betrieblichen Geschehens oder im strategischen Rahmen auf einzelne Geschäftsfelder und hier wiederum auf einzelne Abschnitte.

▶ *Was ist zu planen?*

Die wechselseitigen zeitlichen und sachlichen Interdependenzen zwischen den einzelnen Teilplänen erfordern eigentlich eine simultane Planung. In der Praxis ist dies aufgrund der Komplexität des Unternehmensgeschehens oft nicht möglich. Die daher durchgeführte **Sukzessivplanung** führt dann allerdings zu Problemen hinsichtlich der Planungskonsistenz. Jede Durchführung und Abstimmung einer Teilplanung benötigt in der Folge einen gewissen Zeitbedarf, der vor allem in hierarchisch tief gegliederten Unternehmen für die Mittelfristplanung über den gesamten Planungsprozess durchaus einige Monate betragen kann.

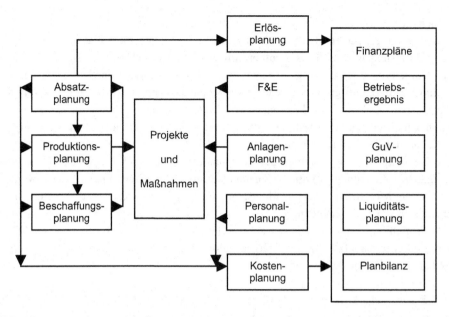

Abb. 1.6 Zusammenhang der einzelnen Teilpläne

Wenn die der Absatzplanung nachgelagerte Beschaffungsplanung mit Absatzwerten als Eingangsgrößen arbeiten würde, die nicht mehr dem aktuellen Stand entsprechen, dann wäre bei Beibehaltung der Zahlen die Beschaffungsplanung bereits zum Zeitpunkt der Erstellung veraltet, oder aber es würde durch die Anforderung aktueller Zahlen ein erneuter Planungsverzug eintreten.

Abb. 1.6 zeigt den Zusammenhang der einzelnen Teilpläne.

Bei der sukzessiven Planung muss daher bei der Erstellung des Planungskalenders den einzelnen Teilbereichen der für die qualitativ akzeptable Planerstellung notwendige Zeitraum zur Verfügung stehen. Gleichzeitig muss aber versucht werden, durch optimale zeitliche Abstimmung der Teilpläne den Planungszeitraum insgesamt so gering wie möglich zu halten. In diesem kurzen Zeitraum darf keine Veränderung der Teilpläne vorgenommen werden.

1.4   Umwelt- und Unternehmensanalyse

Für die Planung als Bestandteil der Unternehmensführung ist es unerlässlich, sich über zukünftige Entwicklungen in der Umwelt und im Unternehmen Gedanken zu machen. Dies erfordert eine fundierte **Prognose** aller relevanten Faktoren, z. B. von Märkten, rechtlichen Veränderungen etc.. Unabdingbare Basis hierfür ist die schlüssige **Analyse** der Gegenwart und der Vergangenheit. Die notwendigen Analysen müssen, ausgehend von der Vergangenheit, eine argumentative Reihe hin zu den prognostizierten Veränderungen in der Zukunft ergeben.

Die systematische Erarbeitung und schlüssige Darstellung der Ausgangssituation wird einen bedeutenden Teil – zeitlich und im Hinblick auf die Kosten – des ganzen Strategieprozesses in Anspruch nehmen. Schließlich geht es darum, die wesentlichen, für die Sicherung des Unternehmens notwendigen Informationen zu identifizieren. Häufig werden in dieser Diagnose zu viele Informationen gesammelt und betrachtet, so dass die wesentlichen Faktoren nicht mehr erkannt werden. Es sollen also nur Informationen zusammengetragen werden, die im Hinblick auf strategische Fragestellungen von Bedeutung sind.

Abb. 1.7 zeigt die drei Schritte, die notwendig sind, um eine Strategie zu entwickeln. Im ersten Schritt muss die Umwelt und das Unternehmen analysiert werden (**Status-quo-Analyse**), im zweiten Schritt werden strategische Alternativen identifiziert und beurteilt, und schließlich wird die ausgewählte Strategie formuliert.

Die Unterteilung in eine externe Umweltanalyse, auch **Chancen-/Risikenanalyse** genannt, und eine interne Unternehmensanalyse, oft als **Stärken-/Schwächenanalyse** bezeichnet, wird in der Literatur vorgeschlagen und auch in der Praxis meist so verwendet.

Umweltanalyse

- Hauptmerkmale einer Branche
- Wettbewerbskräfte
- Konkurrenzverhältnisse
- Veränderungstreiber
- Schlüsselfaktoren für den Erfolg
- Branchenattraktivität

Unternehmensanalyse

- Ist-Situation
- Erfolg der bisherigen Strategie
- Stärken-/Schwächenanalyse
- strategische Schlüsselprobleme

Identifizierung und Beurteilung der strategischen Alternativen

- Welche realistischen Alternativen gibt es?
- Reichen graduelle Verbesserungen der bisher verfolgten Strategie?
- Sind grundlegende Veränderungen der Strategie möglich?
- Wie kann ein bedeutender Wettbewerbsvorteil aufgebaut werden?

Strategieformulierung

Auswahlkriterien:
- Strategie passt gut zu der zukünftigen Umweltentwicklung
- Strategie baut auf strategische Wettbewerbsvorteile auf
- Strategie führt zu höherem Shareholder Value

Abb. 1.7 Der Prozess der Strategieentwicklung

1.4.1 Umweltanalyse: Markt und Umfeld

Der Unternehmenserfolg ergibt sich aus der gedanklichen Vorwegnahme der Entwicklung des Unternehmensumfeldes, den eigenen Handlungen und den Wechselbeziehungen zwischen beiden. Folglich erfordert die Planung die Analyse des eigenen Unternehmens und die des Unternehmensumfeldes.

▶   *Welche Elemente des Unternehmensumfeldes müssen untersucht werden?*

Das **externe Umfeld** des Unternehmens besteht aus den bereits dargestellten Elementen des Wirtschaftssystems. Sie gestalten zum überwiegenden Teil für das einzelne Wirtschaftssubjekt kaum veränderbare, externe Daten. Es gilt, sie möglichst genau zu erfassen und zu prognostizieren, um darauf das eigene Handeln einzustellen.

Auch die **Branche** mit den Wettbewerbern gehört zum unternehmensexternen Umfeld. Hier hat das einzelne Unternehmen durchaus Einwirkungsmöglichkeiten, es muss jedoch immer die Wechselwirkungen der eigenen Handlungen mit denen der Konkurrenten beobachten.

1.4.1.1 Gesellschaftlich-wirtschaftliches Umfeld

Die systematische Beobachtung von Umweltentwicklungen ist eine so umfangreiche Aufgabe, dass sie die meisten Unternehmen überfordert. Dies rührt zum einen daher, dass die Unternehmen nicht über die dafür notwendigen Ressourcen verfügen, und zum anderen, dass oft zu viele Informationen vorliegen und die wesentlichen Inhalte nicht herausgelesen werden können. Aber gerade darin liegt eine der wesentlichen Aufgaben, nämlich die Entwicklungen zu erkennen, die für das Unternehmen von signifikanter Bedeutung sind. Die Praxis zeigt, dass es für jedes Unternehmen wenige **Schlüsselgrößen** gibt, die dann genau verfolgt werden müssen.

Um keine der wesentlichen Umweltfaktoren zu vernachlässigen, empfiehlt sich die Einbeziehung von **Checklisten**, aus denen die für das Unternehmen relevanten Faktoren herauszufiltern sind (vgl. Abb. 1.8).

Viele Daten finden sich in kostenpflichtigen **Datenbanken**, aber auch in frei zugänglichen Statistiken im **Internet** (www.genios.de, www.bfai.de, www.destatis.de). Andere Daten qualitativer Art müssen über die Marktforschung erhoben werden.

1.4.1.2 Markt und Marktentwicklung

Der Markt umfasst alle effektiven und potenziellen Abnehmer des Unternehmensangebotes. Seiner Analyse kommt daher herausragende Bedeutung für den Unternehmenserfolg zu. Die Analyse lässt sich in **vier Schritte** untergliedern: (Voit und Herbst 2013)

1) Genaue Definition des Gesamtmarktes, des relevanten Marktes und der Segmente, auf die die Strategischen Geschäftsfelder (SGF) zielen.
2) Analyse der Bedürfnisstruktur (was wird nachgefragt, z. B. Produkteigenschaften), des Kaufverhaltens (wie wird nachgefragt) und der Marktmacht der Abnehmer.

3) Einordnung des Marktes in eine spezifische Stufe der Marktentwicklung; dementsprechend treten unterschiedliche Faktoren bei der Analyse in den Vordergrund

4) Prognose der Entwicklung eines Marktes: Wie hoch wird die Wachstumsrate in Zukunft sein?

Zur umfassenden Analyse bietet sich auch hier die Zuhilfenahme einer Checkliste an, mit der die relevanten Informationen zusammengestellt werden können (vgl. Abb. 1.9).

Zur Abgrenzung des tatsächlichen Marktes gibt es für eine Reihe von Branchen umfassendes Zahlenmaterial aus staatlichen **Statistiken** (z. B. Zulassungsstatistik für den Automobilmarkt) oder aus Erhebungen von Branchenverbänden. Die Frage des potenziellen Marktes lässt sich dagegen nur durch Schätzungen annähernd beantworten. Die Definition des Marktes ist die wesentliche Voraussetzung zur Ermittlung des eigenen Marktanteils, der wiederum Voraussetzung zur Beurteilung der eigenen Stellung im Markt ist. Die Informationen zu den Marktteilnehmern werden in der Branchenanalyse weiter vertieft.

Wirtschaftliche Faktoren	• Volkseinkommen und -verteilung, Kaufkraft • Inflationsrate • Zins-/Wechselkursentwicklung • Wirtschaftswachstum • Internationale Wirtschaftsordnung • Öffentliche Haushalte, Verschuldung • Sparverhalten
Soziokulturelle Faktoren	• Bevölkerungswachstum, -struktur • Regionale Verschiebungen • Bildungsniveau • Modeströmungen • Ökologische Orientierung • Anspruchsniveau • Freizeitverhalten
Politisch-rechtliche Faktoren	• Politische Stabilität • Wirtschaftsförderung • Einfluss der Gewerkschaften • Sozialgesetzgebung • Wettbewerbsrecht • Verbraucherschutz • Steuergesetzgebung
Technologische Entwicklung	• Produktinnovationen • Prozesstechnologie • Umwelttechnik • Substitutionstechnologien

Abb. 1.8 Checkliste der gesellschaftlich-wirtschaftlichen Faktoren

Allgemeine Marktdaten	Daten der Marktteilnehmer
• Abgrenzung des effektiven und potenziellen Marktes • Marktvolumen • Marktanteile • Stellung des Marktes im Marktlebenszyklus (Marktwachstum, -stagnation, -sättigung) • Marktentwicklung	• Stabilität des Bedarfs • Bedürfnisstruktur, Kaufmotive, Kaufprozesse, Informationsverhalten der Kunden • Anzahl, Größe, Leistungsfähigkeit der Lieferanten • Marktmacht der Konkurrenten

Abb. 1.9 Checkliste Marktdaten

1.4.1.3 Branchenanalyse

> Unter Branche verstehen wir eine Gruppe von Unternehmen, deren Produkte so viele gemeinsame Merkmale haben, dass sie um dieselben Käufer werben.

Branchen unterscheiden sich oft ganz erheblich in ihrer wirtschaftlichen Situation, der Wettbewerbsintensität und den Zukunftsaussichten.

Diese Unterschiede können dazu führen, dass sehr gut geführte Unternehmen in Branchen mit harten Wettbewerbsbedingungen nur mit Mühe gerade noch befriedigende Ergebnisse erwirtschaften, während vielleicht sehr schlecht gemanagte Unternehmen gute Gewinne erzielen, weil sie in der „richtigen" Branche tätig sind.

Für strategische Zwecke sind, um ein fundiertes Ergebnis der Wettbewerbs- und Branchenanalyse zu erarbeiten, folgende 6 **Fragen** zweckmäßig:

1. Welches sind die Hauptmerkmale einer Branche?
2. Welche Wettbewerbskräfte wirken in der Branche und wie stark sind sie?
3. Wer verursacht in dieser Branche Veränderungen und wie werden diese aussehen?
4. Welche Unternehmen haben die stärkste/schwächste Position?
5. Welche Schlüsselfaktoren werden in der Zukunft zu Erfolg/Misserfolg führen?
6. Wie attraktiv ist diese Branche im Hinblick auf eine überdurchschnittliche Rentabilität?

Die Antworten auf diese Fragen werden es dem Strategen ermöglichen, die realistischsten strategischen Optionen zu erkennen und eine Strategie zu entwickeln, die sich in Anbetracht der Wettbewerbssituation und der zukünftigen Veränderungen am besten eignet (Carl und Kiesel 2007).

Hierzu ist es hilfreich, sich in einem ersten Schritt die wesentlichen Merkmale einer Branche sowie ihre Bedeutung für die Strategieentwicklung zu verdeutlichen (vgl. Abb. 1.10).

Hauptmerkmal	Strategische Bedeutung
Marktvolumen	Kleine Märkte ziehen große bzw. neue Unternehmen nicht so häufig an.
Marktwachstum	Hohe Wachstumsraten führen zum Eintritt neuer Wettbewerber; stagnierende Märkte heizen den Wettbewerb unter den bestehenden Konkurrenten an, führen zum Ausscheiden von Konkurrenten und verhindern das Erscheinen neuer Wettbewerber.
Branchenrentabilität	Hohe Profite wirken wie ein Magnet; schlechte Renditen führen zu Marktaustritten.
Eintritts- und Austrittsbarrieren	Hohe Barrieren schützen die Branche und ihre Profitabilität; niedrige Schranken bewirken eine Gefahr durch Eindringlinge.
Überkapazitäten, Kapazitätsengpässe	Überkapazitäten führen zu Preiswettbewerb, Kapazitätsengpässe erlauben Preisspielräume, bis die Erweiterungsinvestitionen die Kapazität angepasst haben.
Standardisierte vs. Differenzierte Produkte	Die Kunden haben eine mächtigere Position bei Standardprodukten, weil sie den Anbieter leicht wechseln können, ohne z. B. Umstellungskosten zu haben.
Rasche technische Veränderungen	Große Risiken sind vorhanden, weil Investitionen wegen technischer Veralterung nicht aus Umsätzen bezahlt werden können.
Kapitalbedarf	Große Investitionen binden teures Kapital für lange Zeit mit dem Risiko, dass sich die Rahmenbedingungen vielleicht nicht so entwickeln wie in den Kalkülen angenommen; hohe Eintritts- und Austrittsbarriere.
Economies of Scale (EoS)	Branchen, in denen sich durch die Vergrößerung der Produktions- und Absatzmenge signifikante Kostenvorteile erreichen lassen, sind durch Wettbewerb um Marktanteile, oft über den Preis, gekennzeichnet.
Kurze Produktlebenszyklen	Erhöhtes Risiko während der kurzen Umsatzphase, die F & E Kosten und alle anderen Kosten wieder zu verdienen. Die Geschwindigkeit, mit der neue Produkte auf den Markt gebracht werden, ist ein strategischer Schlüsselfaktor.

Abb. 1.10 Bedeutung der Branchenmerkmale

Die Branchenanalyse erfolgt üblicherweise anhand der **Five-Forces von Porter**. Michael Porter kommt zu dem Ergebnis, dass der Markterfolg wesentlich von der Marktstruktur abhängt. Er fasst diese Erkenntnisse systematisch zusammen zu den fünf Faktoren, die für die Wettbewerbsintensität wesentlich sind, und zeigt damit den Weg auf, wie die Wettbewerbsstruktur verändert bzw. wie von Veränderungen profitiert werden kann (Porter 2013).

▶ *Wer bestimmt die Verhältnisse in einer Branche?*

Die **Five Forces** sind:

- Die **Wettbewerber** einer Branche, die untereinander rivalisieren.
- **Potenzielle neue Anbieter**, die eine Bedrohung für die bisherigen darstellen.
- **Ersatzprodukte**, die durch ihre Substitutionsgefahr die Branche bedrohen.
- Die **Lieferanten**, die je nach Verhandlungsstärke die Branche beeinflussen.
- Die **Abnehmer**, die ebenfalls durch ihre Verhandlungsmacht Einfluss ausüben.

Die **Konkurrenten** üben i. d. R. den größten **Wettbewerbsdruck** aus. Die Konkurrenzanalyse ist deshalb mit großer Sorgfalt durchzuführen, um herauszufinden, wie das Unternehmen seine eigenen Stärken am besten ins Spiel bringen kann. Die Instrumente des Wettbewerbs können sehr mannigfaltig und unterschiedlich intensiv sein. Preis, Qualität, Service, Garantien, Werbung, Distributionskanäle, Innovationsfähigkeiten etc. sind nur einige der zu nennenden Instrumente. Es darf nicht vergessen werden, neben dem Ist-Zustand auch mögliche Entwicklungen mit in die Analyse einzubeziehen.

Die **Intensität des Konkurrenzkampfes** nimmt zu

- mit der **Anzahl** und der installierten Produktionskapazität von Konkurrenten. Je mehr Konkurrenten, desto wahrscheinlicher ist es, dass innovative Ideen oder neue Marketing-Strategien den Markt nicht „zur Ruhe" kommen lassen;
- mit der **Gleichartigkeit** hinsichtlich Marktanteilen und Fähigkeiten. Wenn Unternehmen gleich groß sind, so konkurrieren sie tendenziell mit den gleichen Instrumenten. Das macht es schwer für ein Unternehmen, eine dominante Position zu erreichen;
- wenn die **Nachfrage** nach einem Produkt langsam oder gar nicht wächst. In einem schnell wachsenden Markt ist genug Geschäft vorhanden für alle Konkurrenten. Die Ressourcen werden in der Regel dafür verwendet, mit dem Markt zu wachsen, anstatt um den Anteil des Konkurrenten zu kämpfen;
- wenn die Konkurrenten **Preisreduzierungen** vornehmen, um ihr Absatzvolumen zu steigern. Dies ist z. B. oft der Fall bei Unternehmen mit einem hohen Anteil an Anlagevermögen, die ihre erheblichen fixen Kosten decken müssen. Solche Preiszugeständnisse erfolgen häufig über versteckte Rabatte oder Gutschriften;
- wenn die Kosten des Produktwechsels durch den Kunden niedrig sind, wenn es sich um relativ **homogene Produkte** handelt, wenn die Markenloyalität relativ gering und die Informationstransparenz relativ hoch ist;
- wenn bestimmte Unternehmen unzufrieden sind mit ihrer Marktposition und **Expansionsstrategien** umsetzen wollen;
- wenn ein **Ausstieg aus der Branche** infolge von Garantien, Entsorgungsverpflichtungen oder durch hohes, schwer verkäufliches Anlagevermögen kostenintensiver ist als das Verbleiben.

Mit **neuen Anbietern**, die für den neuen Markt ihre Ressourcen zur Verfügung stellen, verschärft sich der Wettbewerb. Zusätzliche Produktionskapazitäten entstehen. Wie groß die Gefahr von neuen Eindringlingen ist, hängt ab von der Höhe der Eintrittsbarrieren und von den Gegenaktionen, mit denen der neue Anbieter rechnen muss. **Eintrittsbarrieren** sind z. B. Economies of Scale (Größenvorteile), mangelndes Know-how, Kunden- und Markenloyalität, Kapitalbedarf, Zölle/Patente oder der Zugang zu Vertriebskanälen.

Ersatzprodukte sind Produkte, die die Funktion eines Gutes ersetzen können. Zum Beispiel konkurrieren die Hersteller von Brillengläsern mit Herstellern von Kontaktlinsen; die Produzenten von Gasöfen stehen im Wettbewerb mit Kachelofenherstellern. Das Vorhandensein von solchen mehr oder weniger engen Substituten hat zur Folge, dass das Preisniveau der verschiedenen substituten Produkte nicht über ein bestimmtes Maß hinausgehen kann. Dies wiederum bedeutet, dass Gewinnmargen durch solche Substitute beschränkt werden, außer man findet Wege, die Kosten zu reduzieren. Der Kunde wird ständig die verschiedenen Produkte sowohl im Preis als auch in seiner Qualität vergleichen. Diese Konkurrenz führt dazu, eine Differenzierungsstrategie zu verfolgen, d. h. der Kunde soll davon überzeugt werden, dass es erhebliche Unterschiede beispielsweise im Preis, Qualität, Service gibt.

Die Macht der **Lieferanten** hängt zum einen von der Marktstruktur der Lieferantenbranche und zum anderen von der Bedeutung des Lieferteiles für den Beschaffer ab. Handelt es sich bei dem Liefergegenstand um eine **standardisierte Ware** („commodity"), gibt es geeignete Substitute, gleich große Anbieter, oder sind die Kapazitäten der Anbieter nicht voll ausgelastet, so besteht keine Lieferantenmacht. Wenn der Abnehmer ein Hauptkunde mit hohem Umsatzanteil ist, kann er seinen Lieferanten zu einer Reihe von Zugeständnissen zwingen. Bekannt sind hier zero-defect-, **just-in-time- Lieferungen**, Übernahme der Lagerkosten, periodische Weitergabe von Produktivitätsfortschritten an den Abnehmer.

Die Position der **Abnehmer** kann sehr stark oder schwach sein. Die Marktmacht ist besonders groß, wenn

- die **Abnehmer bedeutende Unternehmen** sind und/oder an diese ein großer Prozentsatz des Absatzes geliefert wird. Dies ist insbesondere beim Verhältnis Autohersteller/Automobilzulieferer oder beim Lebensmittelhandel als Abnehmer (Nachfragemacht des Handels) der Fall;
- der **Informationsstand** der Abnehmer sehr gut ist, z. B. bei einem homogenen Produktangebot und bei geringen Anbieterzahlen;
- der Abnehmer die Fähigkeit zur **Rückwärtsintegration** besitzt, beispielsweise durch Eigenmarken des Handels;
- **Ersatzprodukte** existieren;
- eine hohe **Bedarfselastizität** vorliegt. Arzneimittel werden bei Bedarf auch zu überhöhten Preisen gekauft. Freizeitartikel müssen nicht zwingend gekauft werden;
- eine geringe **Markenidentität,** wie z. B. beim homogenen Produkt Treibstoff, besteht.

1.4.2   Unternehmensanalyse

Die Unternehmensanalyse beschäftigt sich in erster Linie mit der Frage:

▶   *Was sind die Stärken und Schwächen des Unternehmens?*

Eine Stärken-Schwächenanalyse sollte in einem **ersten Schritt** alle Unternehmensaspekte miteinbeziehen. In der Literatur finden sich deshalb umfangreiche Kriterienkataloge. Sie dienen in erster Linie dazu, die wichtigsten Merkmale eines Unternehmens knapp und übersichtlich darzustellen. Der **zweite Schritt** besteht darin, das Unternehmen und seine Besonderheiten mit den relevanten Wettbewerbern zu vergleichen. Es erfolgt eine vergangenheitsorientierte Beurteilung der bisherigen Strategie. Der **dritte Schritt** geht noch darüber hinaus. Der Zukunftsaspekt, und darum geht es ja schließlich bei der Strategieformulierung, muss integriert werden. Es muss jetzt noch in einer Stärken/Schwächen-Analyse herausgearbeitet werden, erstens wie die Stärken weiter verbessert und die Schwächen reduziert werden können. Zweitens muss in einer Analyse aufgezeigt werden, welche Chancen/Risiken sich für das Unternehmen in Bezug auf die in der Zukunft zu erwartenden Veränderungen in der Umwelt ergeben.

Die so genannte **SWOT-Analyse (Strengths and Weaknesses, Opportunities and Threats)** gibt einen schnellen Überblick über die strategische Situation des Unternehmens.

> Eine **Stärke** ist eine Fähigkeit, eine fachliche Kompetenz, ein bestimmter Vermögensgegenstand, eine schlagkräftige Organisation, ein bestimmter Produktvorteil, oder ein herausragendes Merkmal, das dem Unternehmen einen großen Vorteil einbringt.

> Eine **Schwäche** ist mangelhaft beherrschte Fähigkeit oder eine im Vergleich zum Wettbewerb nachteilige Bedingung (Stellung, Zustand, Ausgangslage).

Schwächen können neue, nicht beherrschte Technologien sein, ein neues oder besseres Produkt eines Konkurrenten, ausländische Wettbewerber, die mit niedrigeren Kosten arbeiten können, gesetzliche Auflagen, die ein Unternehmen mehr belasten als andere, Verwundbarkeit gegenüber Wechselkurs- bzw. Zinsveränderungen, ungünstige demografische Veränderungen.

Nicht jede Schwäche wirkt sich strategisch aus. Sie ist nur von Bedeutung, wenn sie unter den gegebenen Wettbewerbsverhältnissen dem Unternehmen schadet. Zur Veranschaulichung ist ein Polaritätsprofil sinnvoll (siehe Abb. 1.11).

	Ge-wich-tung		Schwäche -- - 0 + ++ Stärke
Produkt	2	Sortiment	
	5	Produktqualität	
	1	Service	
	1	Ästhetik	
Preis	5	Preis-Leistung	
	1	Zahlungskonditionen	
Distribution	2	Absatzorganisation	
	1	Vertriebskanäle	
	2	Bestände	
	2	Liefertermine	
Kommuni-kation	2	Werbung	
	1	Image	
	2	Verkaufsförderung	
Produktion	2	Fertigungstiefe	
	1	Produktivität	
	1	Flexibilität	
FuE	4	Produktinnovation	
	2	Geschwindigkeit	
	2	Prozessinnovation	
	1	Patente und Lizenzen	
Finanzen	2	Eigenkapitalausstattung	
	1	stille Reserven	
	3	Liquidität	
	3	Rentabilität	
Personal	3	Qualität	
	2	Loyalität	
	4	Führungskräfte	

– – – Wettbewerber A ——— eigenes Unternehmen

Abb. 1.11 Polaritätsprofil zur Stärken-/Schwächenanalyse

Durch den Vergleich der verschiedenen Kriterien des Unternehmens mit seinen Wettbewerbern werden Wettbewerbsvor- und -nachteile leicht erkennbar. Dies setzt jedoch voraus, dass die Beurteilung der Kriterien von kompetenten Personen durchgeführt wurde. Es empfiehlt sich deshalb, nichtquantitative Kriterien von Dritten, am besten durch Kunden beantworten zu lassen (z. B. welches Unternehmen der Branche hat das beste Image, wie nehmen die Kunden die Lieferzuverlässigkeit wahr etc.).

Die in der Checkliste und auch im Polaritätsprofil aufgeführten Kriterien sind nicht alle gleichgewichtig. Der Markt bestimmt, welche eine größere Bedeutung haben und haben werden und welche unbedeutend sind.

Eine Strategie kann nur erfolgreich sein, wenn die Fähigkeiten (Stärken/Schwächen) des Unternehmens in gutem Einklang stehen mit der prognostizierten Umweltsituation (Chancen/Risiken), vgl. Abb. 1.12.

		Markt	
		Chance	**Risiko**
Unternehmen	**Stärke**	optimale Kombination nutzen	Risiko ist minimiert durch gute Vorbereitung des Unternehmens
	Schwäche	Chance kann nicht genutzt werden, investieren	hohe Gefahr, unbedingt Gegenmaßnahmen einplanen

Abb. 1.12   SWOT-Analyse

1.5   Entwicklung von Wettbewerbsstrategien

Jede Strategie muss, um erfolgreich zu sein, auf Wettbewerbsvorteilen aufbauen. **Wettbewerbsvorteile**, K. Backhaus bezeichnet diese auch als komparative Konkurrenzvorteile (KKV) – also die einzigartige Weise, sich im Wettbewerb zu behaupten – können beispielsweise sein: (Backhaus 2006, S. 149)

- Produkte mit der höchsten Qualität herstellen
- die billigsten Produkte im Markt anbieten
- den besten Service bieten
- das zuverlässigste und haltbarste Produkt verkaufen
- eine lange Garantie für die Funktionsfähigkeit abgeben

Auf welche der oben genannten Weisen auch immer die Kunden gewonnen werden sollen, für den Kunden muss dies als ein höherer Wert wahrgenommen werden.

▶   *Welche grundsätzlichen Strategien gibt es?*

M. Porter ist der Meinung, dass es i. d. R. nur zwei Möglichkeiten gibt, einen hohen Gewinn zu erzielen: (Porter 1999)

Entweder man bietet ein gutes Produkt zu einem niedrigeren Preis („**billiger**") als die Konkurrenz an, **oder** man erreicht den Wettbewerbsvorteil durch eine bestimmte Spezialisierung auf eine Nische bzw. durch eine Differenzierung („**besser**").

Es ist Porter zu verdanken, darauf hingewiesen zu haben, dass es, um erfolgreich zu sein, auf das „Entweder/Oder" ankommt. Die U-Kurve verdeutlicht den Zusammenhang (vgl. Abb. 1.13). Jede Strategie, die versucht, von beiden Teilen ein bisschen zu erreichen, wird als Strategie **zwischen den Stühlen** scheitern oder zumindest zu niedrigeren Renditen führen. Viele Unternehmen befinden sich in dieser Mittelposition, die man auch als „nicht siegen, dabei sein ist alles" charakterisieren könnte.

Abb. 1.13 U-Kurve nach Porter

Wettbewerbsstrategien zeigen, „wie" das Management versucht, mit der Konkurrenz und den anderen Wettbewerbskräften fertig zu werden. Das kann durch eine Offensivstrategie, durch Defensivstrategien oder durch zahlreiche andere Strategievarianten erfolgen. Aber lässt man alle feinen Unterschiede außer Betracht, so bleiben nur die oben erwähnten zwei Grundmuster für erfolgversprechende Strategien übrig:

1) **Preis-Mengen-Strategie**: Durch die Kostenführerschaft werden niedrige Preise und damit hoher Marktanteil erreichen.
2) **Präferenzstrategie**: Durch die Qualitätsführerschaft werden mit zielgruppengerechten, qualitativ hochwertigen Produkten hohe Preise und damit auch bei niedrigen Marktanteilen hohe Gewinne erzielt. Es können zwei Substrategien zur Anwendung kommen.

   a) **Differenzierungsstrategie**: Die Produkte unterscheiden sich signifikant von denen der Konkurrenten.
   b) **Fokussierungsstrategie**: Nur ein kleiner Teilmarkt, eine Nische wird bedient.

Alle anderen Preis-Qualitätskombinationen (vgl. Abb. 1.14) sind problematisch.

An dieser Stelle soll jedoch noch betont werden, dass nicht in jeder Branche alle drei Wege mit gleichen Erfolgsaussichten offen stehen. Vielmehr kann es je nach Branche nur einen oder zwei Wege geben, um erfolgreich zu sein bzw. überleben zu können.

Beispiel

Beispielsweise steht in der Automobilzulieferindustrie sehr häufig nur der Weg der Kostenführerschaft offen, da eine Produktdifferenzierung wegen der vorgegebenen Anforderungen durch das Automobilunternehmen nicht möglich ist und andere Erfordernisse wie z. B. just-in-time, besondere Qualitätsnormen etc. ohnehin ein „Muss" für alle Lieferanten darstellen. Die Konzentration auf eine Nische fällt deshalb oft als Option weg, weil zu niedrige Produktionszahlen zu unakzeptablen Preisen führen würden. Auf der anderen Seite ist die Kostenführerschaft nicht gerade eine erfolgversprechende Strategie in der Parfümindustrie. Hier sind in erster Linie Differenzierungs- oder Nischenstrategien angebracht.

Preis /Qualität	teurer	gleicher Preis	billiger
besser	Präferenz-strategie	Preis-/ Leistungsstrategie auf Leistungsbasis	Weltmeister-strategie
gleich gut	Problem-strategie: Prinzip Hoffnung	Pattstrategie	Preis-/Leis-tungsstrategie auf Preisbasis
schlechter	Verlierer-strategie	Problemstrategie: Prinzip Hoffnung	**Preisführer-schaft**

Abb. 1.14 Kombinationsmöglichkeiten von Preis und Qualität

Beispiel

Für alle Strategien gibt es Beispiele aus der Praxis:

Kostenführerschaft: Aldi hat im Lebensmittelhandel durch konsequente Kostenorientierung (wenig Personal, große Einkaufmengen, beschränktes Sortiment, wenig Regalmarketing, Beteiligung der Filialleiter am Erfolg etc.) den Lebensmittelhandel völlig verändert und ist sehr erfolgreich.

Differenzierungsstrategie: Nestle, ursprünglich ein Produzent von Schokolade entwickelte sich durch Akquisition bzw. eigenen Aufbau zu einem der größten Nahrungsmittelkonzerne der Welt. Mit einer differenzierten Markenpolitik werden völlig unterschiedliche Segmente angesprochen. Es gehören dazu z. B. Alete, After Eight, Caro, Maggi, Nescafe, Smarties, Thomy, Herta und Kit Kat.

Fokussierungsstrategie: Die König & Bauer-Albert AG, einer der führenden Druckmaschinenhersteller, hat sich in einem Geschäftsfeld auf die Produktion von Gelddruckmaschinen konzentriert. Weltweit werden mittlerweile ca. 90 % aller Gelddruckmaschinen von der König & Bauer-Albert AG hergestellt.

Im Einzelnen lassen sich die Strategien anhand verschiedener Charakteristika beschreiben (vgl. Abb. 1.15).

1.5.1 Kostenführerschaft

Ziel der Kostenführerschaft ist es, mit einer signifikant niedrigeren Kostenstruktur als andere Konkurrenten durch Unterbietung der Marktpreise mehr Kunden zu gewinnen und damit seinen Marktanteil zu vergrößern Bei gegebenem Marktpreis können durch niedrigere Kosten größere Gewinnmarge erwirtschaftet werden.

▶ *Wie werde ich der Billigste?*

Die **aggressive Preispolitik** führt nur dann zu größeren Gewinnen, wenn damit auch eine adäquate Absatzmengensteigerung einhergeht. Eine solche Preispolitik kann jedoch dazu

Charak-teristika	Kostenführerschaft	Differenzierung	Spezialisierung/Fokussierung
Ziel	niedrigere Kosten als die Wettbewerber	Angebot von Produkten, die sich von der Konkurrenz abheben	Befriedigung von Bedürfnissen eines Teilmarktes/Nische
Produkt-angebot	limitierte Produktzahl mit wenigen Varianten, akzeptable Qualität	Variantenvielfalt, Betonung der Nutzenvorteile für viele Kundensegmente	auf eine Kundengruppe zugeschnittene Produkte
Produktion	große Mengen von einer Variante, Betonung von optimalen Fertigungs-abläufen, i. d. R. sehr kapitalintensiv	kleine Losmengen, häufiges Umrüsten; Differenzierungspotenzial steht im Mittelpunkt	für Kundengruppen maßgeschneiderte Produkte
Kosten/Preis	Preise orientieren sich an der Erfahrungskurve; ständige Suche nach Einsparungen	Preisprämie muss höher sein als die zusätzlichen Kosten der Variante	Kundennähe und besonderer Service müssen sich in Preisprämien niederschlagen
FuE	Konzentration auf Prozessinnovationen	Produktinnovation steht im Vordergrund	gemeinsame Entwicklung mit Kunden
Personal-qualität, -kosten, -motivation	wenige Hochqualifizierte, Schichtarbeit, Arbeitszeiten nach Auslastung, Mobilität, ständige Mitarbeit in Qualitätszirkeln, Anreizsystem	kreative Professionalität, flexible Arbeitszeiten, Entlohnung der Kreativität Flexibilität/Marktänderungen	kommunikative Professionalität, Anreizsysteme, Bereitschaft zu schnellen Veränderungen

Abb. 1.15 Charakteristika der Basisstrategien

führen, dass die Attraktivität des Produktes in der Wahrnehmung der Käufer mit dem Preis abnimmt.

Kostenführerschaft fordert eine konsequente und kontinuierliche Suche nach **Einsparungsmöglichkeiten**. Die gesamte Wertkette muss ständig in Bezug auf Verbesserungen oder völlige Änderung der einzelnen Aktivitäten untersucht werden.

Die unbedingte Kostenorientierung muss in der Unternehmenskultur verankert sein. Ablauf- und Aufbauorganisation sind so zu gestalten, dass wenige **Entscheidungsebenen** vorhanden sind. Schnelle Kommunikationswege, die Einbeziehung jedes einzelnen

Mitarbeiters z. B. durch **Qualitätszirkel**, ehrgeizige Budgetvorgaben, deren Einhaltung ständig kontrolliert wird, die Beantwortung der Fragestellung **make or buy (outsourcing)** von Aktivitäten und Variantenkontrolle sind absolut notwendig. Das Topmanagement muss diesen Aspekt auch durch eigenes Verhalten vorleben.

Das Streben nach der Kostenführerschaft ist besonders sinnvoll, wenn

- es sich um **standardisierte** Produkte handelt (z. B. Benzin),
- die Käufer **wenig Wert auf Produktdifferenzierung** legen oder das Produkt von den Käufern für die gleichen Zwecke benutzt wird (z. B. Grundnahrungsmittel)
- zwischen **mehreren Anbietern** ausgewählt werden kann
- die Käufer über eine **große Verhandlungsmacht** verfügen
- der Lieferantenwechsel für den Käufer nur **geringe Umstellungskosten** zur Folge hat
- der **Preis eine entscheidende Größe** im Wettbewerb darstellt
- das **große Absatzpotenzial** entsprechend große Produktionsmengen einzelner Anbieter zulässt.

Beispiel

Beispiele sind die schon erwähnten Produkte der Automobilzulieferer und der Rohstoffbetriebe. In diesen Branchen, wird der Wettbewerb über die Produktivität geführt. Es herrscht jeweils ein harter Wettbewerb um Marktanteile, der über die Preise, die oft nahe an den Herstellkosten liegen, ausgetragen wird.

1.5.2   Präferenzstrategie

Mit der Präferenzstrategie versucht ein Unternehmen, dem Abnehmer einen besonderen **Nutzenvorteil** (Präferenz) zu verschaffen. Der Nutzenvorteil kann auch als Qualitätsvorteil verstanden werden. Man spricht daher im Unterschied zur Kostenführerschaft („billiger") von der Qualitätsführerschaft („besser").

▶   *Wie werde ich der Beste?*

Die Qualitätsführerschaft kann in zwei Teilstrategien aufgegliedert werden: die Differenzierung und die Fokussierung.

1.5.2.1 Differenzierungsstrategie
Differenzierungsstrategien sind immer dann sinnvoll, wenn die Bedürfnisse der Abnehmer sehr unterschiedlich sind, so dass sie nicht von einem standardisierten Produkt befriedigt werden können. Voraussetzung für den Erfolg ist, dass die Wünsche der potenziellen Kunden genauestens erforscht und diesen mit den angebotenen Produkten auch genau entsprochen werden kann.

Die Vorteile dieser Strategie liegen in

- einer **stärkeren Kundenbindung**, weil die Differenzierungsmerkmale einmalig sind
- einem **Schutz vor direktem Preiskampf** mit den Wettbewerbern. Da der Preiskampf die Gewinne für alle Beteiligten reduziert, bemühen sich alle, die Bedeutung des Preises als Beurteilungskriterium zu verdrängen
- einer **Preisprämie,** weil die Abnehmer für den Nutzenvorteil bereit sind, mehr zu bezahlen
- einem **größeren Verkaufsvolumen**, wenn durch die Differenzierung mehr Kunden auf ein Unternehmen ausgerichtet werden können
- dem **Aufbau von Eintrittsbarrieren** gegenüber neuen Anbietern oder Substituten
- einem größeren Spielraum in der **Produktpolitik**
- **Synergieeffekten** für das gesamte Produktangebot eines Herstellers.

Die Strategie erhöht die Rentabilität, wenn die Preisprämie höher ist als die Kosten, die durch die Differenzierung entstehen. Die Differenzierung wird nicht erfolgreich sein, wenn die Einzigartigkeit (USP = Unique Selling Point) von den Kunden nicht hoch genug eingeschätzt wird, und damit die dafür aufgewendeten Kosten nicht verdient werden können.

Am vorteilhaftesten ist eine Differenzierung, wenn sie Schutz bietet vor einer schnellen oder billigen Imitation. Sie ist dauerhaft angelegt durch

- eine durch Gesetze geschützte Einmaligkeit (Patentschutz, Warenzeichen, Zulassungsverfahren bei Pharmaka)
- eine sehr große Investition beispielsweise für den Markennamen
- einen Vorteil in der Fertigungstechnologie
- einen Vorteil in der Managementtechnologie beim Aufbau und der Erhaltung objektiver und subjektiver Qualitäten

1.5.2.2 Spezialisierung/Fokussierung
Ziel der **Spezialisierung** ist es, eine Marktnische, in der die Abnehmer besondere, vom größeren Gesamtmarkt unterschiedliche Bedürfnisse haben, in sehr intensiver Weise zu befriedigen. Die Spezialisierung kann sich entweder auf

- die Geografie, z. B. Schlittschuhe im Nahen Osten,
- die besondere Verwendung, z. B. Arbeitsschuhe oder
- die Merkmale, die nur von den Nischenabnehmern nachgefragt werden, z. B. extrem modische Kleidung beziehen.

Natürlich liegt im dritten Fall eine Überschneidung mit der Differenzierungsstrategie vor. Bei der Fokussierung steht jedoch in jedem Fall eine bestimmte Abnehmergruppe im Vordergrund.

Beispiel

Beispiele für die Fokussierung sind Rolls Royce, Spezialhandel für Anglerbedarf etc.
Discount Broker beispielsweise sind entstanden, weil eine Gruppe von Geldanlegern
keine Beratung, sondern nur eine billige Abwicklungsstelle für Aufträge benötigte.

1.6   Beispiel

Mike Flitzer steht vor der Aufgabe zu entscheiden, welche Strategie er mit seinem Unternehmen verfolgen will. Fritz Schrauber verfolgt die Diskussion mit dem Organisationsleiter Herrn Schlau. Erfolg versprechend sind grundsätzlich zwei Wege: Zum einen könnte
sich das Unternehmen zu einem Massenhersteller entwickeln. Das würde bedeuten, dass
er eine große Fertigungskapazität benötigt. Durch die großen Fertigungsmengen könnten
viele Abläufe sehr effizient und damit kostengünstig gestaltet werden. Wegen der großen
Stückzahlen könnten Materialien und Maschinen billig eingekauft werden. Wenn alles
planmäßig umgesetzt wird, liegen die Kosten pro Fahrrad sicherlich recht niedrig. Voraussetzung ist, dass Herr Flitzer auch genügend Käufer für seine Fahrräder findet. Er will das
mit möglichst niedrigen Verkaufspreisen für seine Fahrräder erreichen.

Herr Schlau spricht auch die andere Alternative an: Herr Flitzer könnte sich auf die
Produktion von hochwertigen Fahrrädern für eine bestimmte Kundengruppe z. B. Triath-
lon Sportler konzentrieren. Das würde bedeuten, dass er in ständigem Kontakt mit den
Sportlern neue, deren Bedürfnissen angepasste Hochleistungsräder entwickeln müsste.
Wenn die Qualität und der Service stimmen, dann sind die begeisterten Sportler sicherlich
bereit, einen entsprechenden Preis dafür zu bezahlen.

Beide überlegen, welche Alternative am besten zu Mike Flitzer passt. Sie sprechen
ganz offen über Mike's technische und kaufmännische Fähigkeiten, seine finanziellen
Möglichkeiten und seine persönlichen Vorlieben und beruflichen wie persönlichen Beziehungen. Die erste Alternative erfordert eine enorme Anfangsinvestition in Maschinen,
Fertigungshalle und Personal. Um die Marke einem breiten Publikum bekannt zu machen,
müssen zudem außerordentliche Anstrengungen im Marketing unternommen werden, die
viel Geld kosten. Ein Kassensturz bei Mike zeigt, dass er einen Großteil der finanziellen
Mittel von der Bank ausleihen müsste. Ob die Bank ihm die dafür notwendigen Millionen
leiht, ist fraglich. Auch will Mike kein so großes Risiko eingehen.

Für die zweite Alternative sprechen viele Argumente. Er könnte klein anfangen, der
Kapitalbedarf wäre nicht so groß. Als eingefleischter Radsportler könnte er seine Kontakte
in den Radclubs und in der Triathlon Szene nutzen. Mike ist ein technischer Perfektionist
und liebt es, seine neuen Ideen technisch umzusetzen.

Herr Schlau und Mike Flitzer sind sich einig. Nur die zweite strategische Alternative
passt zu Mike's Profil.

Literatur

Backhaus, K., Investitionsgütermarketing, 8. Aufl., München 2006.

Carl, N., Kiesel, M., Unternehmensführung, Würzburg 2007.

Hinterhuber, H., Strategische Unternehmensführung, 9. Aufl., Berlin 2015.

Porter, M., Wettbewerbsstrategie 10. Aufl., Berlin 1999.

Porter, M., Wettbewerbsstrategie, Frankfurt, New York, 12. Aufl. 2013.

Voit, M., Herbst, U.: Marketingmanagement Stuttgart 2013.

Kosten- und Erfolgscontrolling

2

Zusammenfassung

Dieses Kapitel klärt zunächst die grundlegenden Begriffe der Kosten- und Leistungs-rechnung. Auf dieser Basis wird der Prozess der Kostenrechnung von der Kostenarten-rechnung bis zur Kalkulation und Ergebnisrechnung nachvollzogen. Es schließt sich die Kostenkontrolle an. Abschließend wird die Deckungsbeitragsrechnung behandelt.

2.1 Grundlagen

Das **Rechnungswesen** eines Unternehmens gliedert sich in ein externes und in ein inter-nes Rechnungswesen. Das **externe Rechnungswesen** ist die Finanz- oder Geschäftsbuch-haltung mit ihren Jahresabschlussrechnungen (Bilanz, Gewinn- und Verlustrechnung). Zum **internen Rechnungswesen** gehört die Kosten- und Leistungsrechnung. Sie hat die Unterstützung unternehmerischer Planungs- und Entscheidungsprozesse zur Aufgabe.

▶ *Welche konkreten Aufgaben ergeben sich für die Kosten- und Leistungsrechnung?*

2.1.1 Aufgaben der Kosten- und Leistungsrechnung

Eine der Hauptaufgaben der Kostenrechnung besteht darin, dass alle im Rahmen des Leistungserstellungs- und Absatzprozesses angefallenen Kosten erfasst und den Kosten-trägern (Fertigerzeugnisse und Halbfabrikate) verursachungsgerecht zugerechnet wer-den. Es werden die Herstell- und Selbst**kosten kalkuliert**. Die Kostenrechnung dient der **Preisbeurteilung**. Die Vollkosten stellen die **langfristige Preisuntergrenze** dar. Aller-dings sind auch Situationen denkbar, in denen vorübergehend auf die Deckung von Teilen

© Springer Fachmedien Wiesbaden GmbH 2017

N. Carl et al., *BWL kompakt und verständlich*, DOI 10.1007/978-3-658-17064-6_2

der Vollkosten, den Fixkosten, verzichtet werden kann. Der verbleibende und zu deckende Teil, die variablen Kosten, bildet die **kurzfristige Preisuntergrenze**.

Eine zweite Hauptaufgabe der Kostenrechnung ist die **Wirtschaftlichkeitskontrolle**. Durch den Vergleich der entstandenen Istkosten in einer Kostenstelle mit einer Maßgröße können Abweichungen pro Kostenstelle festgestellt werden. Als Maßgröße sollten Soll-kosten (= auf eine Istbeschäftigung umgerechnete Plankosten) herangezogen werden. Normal-kosten (= durchschnittliche Istkosten) stellen eine weitere Möglichkeit dar. Mit der Wirtschaftlichkeitskontrolle will man den Einfluss von Mehr- oder Minderverbräuchen auf das Betriebsergebnis überwachen.

Eine dritte, sehr bedeutsame Aufgabe der Kostenrechnung ist die **Bereitstellung von Informationen für Entscheidungsrechnungen** (z. B. Vergleich Eigenfertigung – Fremdbezug; Ermittlung des gewinnmaximalen oder kostenoptimalen Produktionsprogramms).

Da sich normalerweise die produzierte Menge von der abgesetzten Menge innerhalb einer Abrechnungsperiode unterscheidet, kommt es zu Bestandsveränderungen. Zur **Bewertung der Bestände** hat die Kostenrechnung die Herstellkosten zu liefern.

2.1.2 Teilgebiete einer Kosten- und Leistungsrechnung

Eine Kostenrechnung besteht grundsätzlich aus drei Teilgebieten (Abrechnungsstufen), wie in Abb. 2.1 dargestellt.

Mit der **Kostenartenrechnung** sollen alle Kosten erfasst und für die weitere Verrechnung gegliedert werden. Die zentrale Frage lautet: **Welche** Kosten sind angefallen? Die Kostenartenrechnung ist eine Zeitraumrechnung. Hier werden die Kostenarten pro Abrechnungsperiode erfasst (z. B. Fertigungslöhne im Januar).

In der **Kostenstellenrechnung** werden die den Erzeugnissen nicht direkt zurechenbaren Kosten (Gemeinkosten) auf den Ort der Kostenentstehung verteilt und dann weiter verrechnet. Die zentrale Frage lautet: **Wo** sind die Kosten angefallen? Auch die

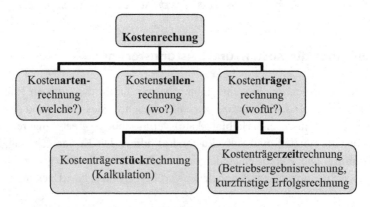

Abb. 2.1 Teilgebiete einer Kosten- und Leistungsrechnung

Kostenstellenrechnung ist eine Zeitraumrechnung. Sie ermittelt die Kosten je Stelle und je Periode (z. B. Gemeinkosten der Montagekostenstelle im Januar).

Die **Kostenträgerrechnung** unterteilt sich in die **Kostenträgerstückrechnung** (oder Kalkulation) und in die **Kostenträgerzeitrechnung** (oder Betriebsergebnisrechnung oder kurzfristige Erfolgsrechnung). Die zentrale Frage lautet: **Wofür** sind die Kosten angefallen? Die Kostenträger**stück**rechnung muss naturgemäß eine Stückrechnung sein (z. B. Kosten pro Mountainbike), die Kostenträger**zeit**rechnung eine Zeitraumrechnung (z. B. Betriebsergebnis im Januar).

2.1.3 Begriffliche Abgrenzungen

Während die **Finanzbuchhaltung** (externes Rechnungswesen) das Ergebnis in der Gewinn- und Verlustrechnung durch die Gegenüberstellung von **Aufwendungen** und **Erträgen** errechnet, ermittelt die **Kosten- und Leistungsrechnung** ein Betriebsergebnis durch die Gegenüberstellung von **Kosten** und **Leistungen**. Da beide Rechnungen unterschiedlichen Zwecksetzungen dienen, sind die Gemeinsamkeiten und Unterschiede dieser Stromgrößen zu klären. Erst dann kann beurteilt werden, warum z. B. die Abschreibungen in der Finanzbuchhaltung in der Regel nicht denen in der Kostenrechnung entsprechen (Jórasz 2009).

▶ *Was unterscheiden die beiden Größen „Aufwand" und „Kosten"?*

Unter **Aufwand** versteht man:

> Aufwand = zu Anschaffungsausgaben bewerteter Güterverbrauch

Aufwand setzt den **Verbrauch** (!) von **Gütern** voraus. Bei einem **Gütertausch** hingegen finden ein Güterabfluss und ein Güterzufluss unmittelbar in einem Vorgang statt. Z. B. der Kauf von Rohstoffen: Geld fließt ab, Rohstoffe fließen zu. Es liegt kein Güterverbrauch im Sinne der oben genannten Definition vor.

Im Gegensatz zu Aufwand versteht man unter **Kosten**:

> Kosten = bewerteter leistungsbezogener (oder betriebstypischer) Güterverbrauch

Dieser Kostenbegriff setzt sich aus drei Komponenten zusammen:

- (mengenmäßiger) **Güterverbrauch**
- **leistungsbezogener** (oder betriebstypischer) Güterverbrauch
- **Bewertung** der leistungsbezogenen Verbrauchsmengen.

Damit haben **Kosten** und **Aufwand** eine **Gemeinsamkeit**: Den Güterverbrauch.

Allerdings können **Unterschiede** (müssen aber nicht) durch die beiden anderen Komponenten der Definition von Kosten gegenüber dem Aufwand auftreten. Kosten beziehen nur jenen **Güterverbrauch** ein, der auch **leistungsbezogen** ist. Es gibt ein festgelegtes betriebstypisches Leistungserstellungsprogramm. Alle Güterverbräuche, die im Rahmen dieser Leistungserstellung stattfinden, verursachen Kosten. Für die Flitzer AG bedeutet das, dass alle Güterverbräuche für die Fahrradherstellung zu Kosten führen. Würde Ignaz Flitzer mit Wertpapieren spekulieren und Verluste erleiden (= Verbrauch von Geld), berührt dieser Vorgang nicht die Kostenrechnung. Entstehen derartige Verluste hingegen bei einem Kreditinstitut, sind sie dort sehr wohl Kosten. Ein weiterer Unterschied zwischen Aufwand und Kosten kann in der **Bewertung** der verbrauchten Mengen liegen. In der Kostenrechnung orientieren sich die Bewertungen an **der Erhaltung der betrieblichen Substanz**. Wenn z. B. die Anschaffungswerte veraltet oder überholt sein sollten, werden die aktuellen oder geschätzten Wiederbeschaffungswerte herangezogen. Die Gemeinsamkeit und die Unterschiede von Aufwand und Kosten zeigt die Abb. 2.2.

Die Gemeinsamkeit und die Unterschiede finden sich in den genannten Unterbegriffen: **Zweckaufwand/Grundkosten, neutraler Aufwand** und **Zusatzkosten**. Sie sind hilfreich für die inhaltliche Abgrenzung. In der betrieblichen Praxis verwendet man allerdings nur die Begriffe **Kosten** und **Aufwand** (und davon **neutraler Aufwand**).

Zweckaufwand/Grundkosten

Man spricht von Zweckaufwand und Grundkosten, wenn dem Aufwand Kosten in **gleicher** Höhe gegenüberstehen. Der Finanzbuchhalter bezeichnet einen derartigen Geschäftsvorfall als Zweck**aufwand**, für den Kostenrechner sind es Grund**kosten**.

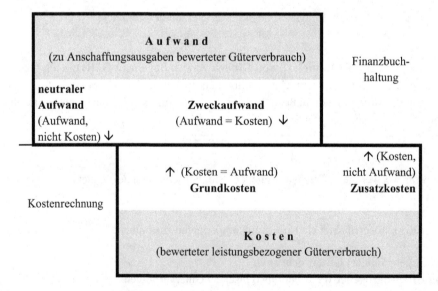

Abb. 2.2 Abgrenzung von Aufwand und Kosten

> **Beispiel**
>
> Die Flitzer AG hat einen Materialverbrauch Anfang Januar für die laufende Fahrrad-serie in Höhe von 10.000 €. Dieser Güterverbrauch ist betriebstypisch. Die Bewertung liegt vor. In der Finanzbuchhaltung wird Aufwand in Höhe von 10.000 € verbucht, in der Kostenrechnung Kosten in der gleichen Höhe. Da in beiden Rechnungen derselbe Betrag berücksichtigt wird, sprechen wir von Zweckaufwand bzw. Grundkosten.

Neutraler Aufwand

Allerdings kann auch ein Güterverbrauch stattfinden, der nicht betriebstypisch ist. Dann liegt Aufwand vor, dem keine Kosten gegenüberstehen. Wir sprechen von **neutralem Aufwand**. Die Finanzbuchhaltung berücksichtigt diesen Geschäftsvorfall, die Kostenrechnung nicht.

> **Beispiel**
>
> Die Flitzer AG spendet beispielsweise 5.000 € an das Rote Kreuz. Zwar findet ein Güterverbrauch statt (Geld), der ist aber nicht betriebstypisch. Erklärtes Ziel der Flitzer AG ist schließlich die Herstellung von Fahrrädern. Damit werden die 5.000 € in der Finanzbuchhaltung als Aufwand verbucht, denen keine Kosten gegenüberstehen. Deshalb spricht man von neutralem Aufwand in Höhe von 5.000 €.
>
> Die Flitzer AG verbraucht im Januar Material in Höhe von 10.000 €. Davon gehen 8.000 € in die laufende Serie, und 2.000 € werden der Gemeinde Studienburg als Spende zur Verfügung gestellt. Da ein betriebsuntypischer (leistungsfremder) Güterverbrauch über 2.000 € stattfindet, liegt ein neutraler Aufwand vor. Allein 8.000 € sind betriebstypisch, so dass in dieser Höhe Zweckaufwand = Grundkosten vorliegen. Die Finanzbuchhaltung verbucht insgesamt 10.000 € Aufwand. Dieser setzt sich aus 2.000 € neutraler Aufwand und 8.000 € Zweckaufwand zusammen. Die Kostenrechnung verrechnet nur 8.000 € Kosten (= Grundkosten).

Zusatzkosten

Werden Kosten verrechnet, denen kein Aufwand gegenübersteht, sprechen wir von **Zusatzkosten**.

> **Beispiel**
>
> Die Flitzer AG muss zum Zeitpunkt des Verbrauchs feststellen, dass der Lieferant zukünftig das Material 5 % über dem heutigen Preisniveau bereitstellen wird (Anschaffungswert des verbrauchten Materials: 10.000 €). Der Güterverbrauch ist betriebstypisch. Die Kostenrechnung bewertet zu Wiederbeschaffungspreisen und verrechnet deshalb 10.500 € Kosten. Die Finanzbuchhaltung darf nur maximal die Anschaffungswerte ansetzen (= 10.000 €). Damit liegen für 500 € Zusatzkosten vor (= Kosten, denen kein Aufwand gegenübersteht). Die restlichen 10.000 € stellen wieder Zweckaufwand = Grundkosten dar.

▶ *Was unterscheiden die beiden Größen „Ertrag" und „Leistung"?*

Unter **Ertrag** versteht man:

> Ertrag = bewertete Güterentstehung aller Art

Kennzeichnend für Ertrag ist die **Güterentstehung**.

Für deren **Bewertung** kommen folgende Wertansätze in Frage: Den abgesetzten Erzeugnissen (= entstandene Güter) werden die erzielten Erlöse zugrunde gelegt. Für die sich auf Lager befindlichen Erzeugnisse (fertige oder unfertige Erzeugnisse) sind noch keine Erlöse erzielt worden. Hier zieht man in der Finanzbuchhaltung als Wert die Herstellungskosten (= vom Gesetzgeber vorgegebener Begriff; richtiger: Herstellungsaufwand) heran.

Unter **Leistung** versteht man:

> Leistung = bewertete betriebstypische Güterentstehung

Ertrag wird dann zur Leistung, wenn die Güterentstehung betriebstypisch ist.

Grundsätzlich können zwei Arten von Leistungen unterschieden werden: die **innerbetriebliche Leistung** und die **Marktleistung**. Die **innerbetriebliche Leistung** stellt eine Leistung dar, die vom Betrieb erzeugt wird, die marktfähig ist, aber wieder vom Betrieb verbraucht wird (z. B. eine Instandhaltungsleistung oder eine selbsterstellte Anlage für den Eigengebrauch). Sie ist mit (Herstell-)Kosten[1] zu **bewerten**. Die **Marktleistung** wird natürlich ebenfalls vom Betrieb erzeugt, ist aber für den Absatzmarkt bestimmt. Ihre **Bewertung** erfolgt zu Verkaufspreisen.

Wie bei den Begriffen „Aufwand" und „Kosten" bestehen auch bei „Ertrag" und „Leistung" Gemeinsamkeiten und Unterschiede von Ertrag und Leistung.

Zweckertrag/Grundleistung

Von **Zweckertrag** (aus Sicht der Finanzbuchhaltung) und **Grundleistung** (aus Sicht der Kostenrechnung) spricht man dann, wenn dem Ertrag eine Leistung in **gleicher** Höhe gegenübersteht. Die bewertete Güterentstehung wird somit in beiden Rechnungen mit dem gleichen Betrag berücksichtigt (Abb. 2.3).

Beispiel

Im Januar produziert und verkauft die Flitzer AG Fahrräder für 120.000 €. Es entstehen Güter (Fertigerzeugnisse) in Höhe von Höhe von 120.000 €, die auch betriebstypisch sind. Somit handelt es sich um einen Ertrag und eine Leistung in gleicher Höhe (= Zweckertrag = Grundleistung).

---

[1] Herstellkosten (= Begriff der Kostenrechnung) sind selten identisch mit den Herstellungskosten (= Begriff der Finanzbuchhaltung).

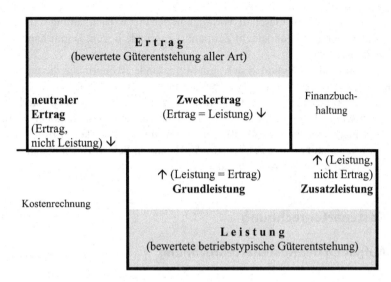

Abb. 2.3 Abgrenzung von Ertrag und Leistung

Neutraler Ertrag

Liegt eine betriebs**un**typische Güterentstehung vor, sprechen wir von **neutralem Ertrag**.

Beispiel

Herr Achter konnte im Januar durch den Verkauf von Wertpapieren, die er spekulativ für die Flitzer AG anlegte, einen Gewinn von 10.000 € erzielen. Durch den erzielten Gewinn liegt eine Güterentstehung (Geld) vor, die allerdings nicht betriebstypisch ist. Ziel der Flitzer AG ist es, Fahrräder zu produzieren und zu verkaufen. Somit liegt zwar ein Ertrag (= Güterentstehung) vor, dem aber keine Leistung gegenübersteht (= betriebsuntypische Güterentstehung). Damit handelt es sich um neutralen Ertrag.

Zusatzleistung

Wird eine Güterentstehung in der Kostenrechnung, aber nicht in der Finanzbuchhaltung berücksichtigt, sprechen wir von **Zusatzleistung**. Zusatzleistung kann aber auch durch unterschiedlich hohe Bewertung in beiden Rechnungen entstehen.

Beispiel

Frau Sabine Falckenstein aus der Forschungs- und Entwicklungsabteilung hat ihre Erfindung („Selbstreinigende Schutzbleche") für die Flitzer AG patentieren lassen. In der Kostenrechnung werden 8.000 € im Januar angesetzt.

Dieses selbst erschaffene Patent stellt Güterentstehung dar (immaterielles Gut), die betriebstypisch ist. Damit handelt es sich um eine Leistung, die in der Kostenrechnung mit 8.000 € bewertet wird. In der Finanzbuchhaltung darf dafür nichts angesetzt werden, da es sich nicht um ein gekauftes Patent handelt. Hier geht es um ein selbst erschaffenes Patent. Den Geschäftsvorfällen in der Finanzbuchhaltung müssen jedoch immer Zahlungen (zu irgendeinem Zeitpunkt) zugrunde liegen. Damit handelt es sich um eine Zusatzleistung.

Im Fertigwarenlager befinden sich zum Monatsende 10 Fahrräder, die nicht verkauft wurden. Die Finanzbuchhaltung bewertet diesen Bestand mit 2.500 €, die Kostenrechnung mit 2.700 €. Auch wenn die Fahrräder nicht verkauft wurden, sind dennoch betriebstypische Güter entstanden. Aufgrund der unterschiedlich hohen Bewertung stellt der Unterschiedsbetrag von 200 € eine Leistung dar, der kein Ertrag gegenübersteht (= Zusatzleistung). Die restlichen 2.500 € sind in beiden Rechnungen deckungsgleich und damit Zweckertrag = Grundleistung.

2.2   Kostenartenrechnung

2.2.1   Aufgaben der Kostenartenrechnung

Die **Aufgaben** der Kostenartenrechnung bestehen in

- der vollständigen und überschneidungsfreien **Erfassung** der Kosten,
- der **Gliederung** der Kostenarten,
- der **Informationsweitergabe** an die Kostenstellen- und Kostenträgerrechnung.

Für die **Kostenerfassung** greift die Kostenartenrechnung zunächst auf die bereits vorhandenen Daten bestehender Systeme zurück. Ein erheblicher Teil der Daten wird der Finanzbuchhaltung entnommen. Darüber hinaus liefern Erfassungssysteme wie die Lohn- und Gehaltsabrechnung, die Lagerbuchhaltung und die Anlagenbuchhaltung Zahlen. Da diese Daten jedoch aus dem externen Rechnungswesen stammen, sind die im vorangegangenen Abschnitt behandelten Abgrenzungen vorzunehmen.

Der Erfassungsaufgabe kommt in der Kostenartenrechnung eine grundlegende Bedeutung zu. Erfassungs- und Abgrenzungsfehler verfälschen ansonsten die Ergebnisse der Kostenrechnung. So wirken sich diese Fehler auf die Kalkulationsergebnisse (Herstell- oder Selbstkosten), auf die Kostenkontrolle oder auf die Daten für Sonderrechnungen aus.

Da eine Kostenrechnung unterschiedlich ausgestaltet werden kann (z.B. als Vollkostenrechnung oder als Teilkostenrechnung), müssen die Kosten nach einem festzulegenden Kriterium erfasst und für die weitere Verrechnung entsprechend aufbereitet werden.

2.2.2   Gliederung der Kostenarten

Für eine Gliederung der Kostenarten können verschiedene Kriterien in Betracht kommen. Die sich daraus ergebende Kostengliederung dient wiederum verschiedenen Rechnungszwecken (Jórasz 2009):

1. Eine Gliederung der Kostenarten nach der **Art der verbrauchten Produktionsfaktoren** sollte das Grundgerüst und den Ausgangspunkt darstellen. Danach unterscheidet man **sieben Kostenartengruppen** (oder -kategorien):
   - **Personalkosten** (z. B. Fertigungslöhne, Hilfslöhne, Gehälter)
   - **Materialkosten** (z. B. Rohstoffe, Hilfsstoffe)
   - **kalkulatorische Abschreibungen** (z. B. Gebäudeabschreibungen, Maschinenabschreibungen)
   - **kalkulatorische Zinsen** (Kapitalkosten)
   - **Fremdleistungskosten** (z. B. Beratungskosten, Speditionskosten)
   - **Wagniskosten** (z. B. Garantiekosten)
   - **Steuern** (z. B. Grundsteuer).

   Sie werden auch als **primäre Kosten** bezeichnet. Die weitere Differenzierung sollte dem Gebot der Wirtschaftlichkeit unterliegen.

2. Werden Kostenarten danach unterschieden, inwieweit sie den **Kostenträgern zurechenbar** sind, spricht man von Einzel- oder Gemeinkosten. **Einzelkosten** lassen sich **direkt** den einzelnen **Kostenträgern** zurechnen. Typische Einzelkosten stellen die Fertigungslöhne oder die Rohstoffkosten dar. Sie müssen verrechnungstechnisch nicht die Kostenstellenrechnung durchlaufen, sondern können direkt in die Kalkulation einfließen. **Gemeinkosten** hingegen können nur **indirekt** auf die **Kostenträger** verrechnet werden. Erst nachdem sie die Kostenstellenrechnung durchlaufen haben, können sie in die Kalkulation einfließen. Gemeinkosten werden gemeinschaftlich von mehreren Kostenträgern verursacht. Dazu zählen z. B. Hilfslöhne, Gebäudeabschreibungen, Gehälter. Innerhalb der **Gemeinkosten** kann weiter in Stelleneinzel- und Stellengemeinkosten unterschieden werden. **Stelleneinzelkosten** stehen für Gemein(!)kosten, die den **Kostenstellen** direkt zugeordnet werden können (z. B. die kalkulatorische Abschreibung einer Maschine in einer bestimmten Kostenstelle; das Gehalt des für eine Kostenstelle Verantwortlichen). **Stellengemeinkosten** hingegen sind Gemeinkosten, die auf die Kostenstellen mit Schlüsselgrößen verteilt werden müssen. Dazu zählen beispielsweise die Grundsteuer, die Feuerversicherungsprämie, der kalkulatorische Unternehmerlohn. *Einzel* steht somit immer für eine direkte, *gemein* für eine indirekte Zurechnung: Unterscheidet man in *Einzel- und Gemeinkosten*, geht es bei der Zurechnung um die *Kostenträger*, unterscheidet man in *Stelleneinzel- und Stellengemeinkosten*, geht es um die *Kostenstellen*. Die Unterscheidung der oben aufgeführten **primären Kosten** in **Einzel- und Gemeinkosten** ist insbesondere für eine **Voll**kostenrechnung von Bedeutung.

3. Eine Unterscheidung der Kosten nach ihrem **Verhalten bei Beschäftigungsschwankungen** führt zu einer Unterteilung in fixe und variable Kosten. **Fixe Kosten** sind im Grundsatz solche Kosten, die unabhängig von der Beschäftigung in konstanter Höhe anfallen. Sie dienen der Aufrechterhaltung der Betriebs- und Leistungsbereitschaft (z. B. Mietkosten, Grundsteuer). Man spricht dann von **sprungfixen Kosten**, wenn sich

die Fixkostenhöhe an den Grenzen von bestimmten Beschäftigungsintervallen entweder erhöht oder vermindert. Mietkosten haben z. B. aufgrund vertraglicher Bindungen fixen Charakter, da die Miete unabhängig von der Beschäftigung bezahlt werden muss. Die Mietkosten verändern sich jedoch dann, wenn aus Kapazitätsgründen zusätzliche Räume angemietet werden müssen. Das Kostenniveau erhöht sich in diesem Fall und bleibt so lange konstant, bis man z. B. wieder an die Kapazitätsgrenze stößt und anmieten muss. **Variable Kosten** sind grundsätzlich abhängig von der Beschäftigung. Die Unterscheidung in fixe und variable Kosten ist insbesondere für Deckungsbeitragsrechnungen von Bedeutung. Sie spielt aber auch bei der Kostenkontrolle mit Hilfe der Plankostenrechnung eine Rolle.

Zwischen den beiden Begriffspaaren „Einzel- und Gemeinkosten" und „fixe und variable Kosten" besteht folgender Zusammenhang: Einzelkosten sind stets variabel, Gemeinkosten können fix und/oder variabel sind. Oder: Variable Kosten können sowohl Einzel- wie Gemeinkosten sein. Fixkosten sind immer Gemeinkosten.

2.2.3 Erfassung und Verrechnung der Kostenarten

2.2.3.1 Personalkosten

Die Personalkosten entstehen durch den Einsatz des Faktors Arbeit. Die Erfassung der Personalkosten setzt an den Aufzeichnungen der Lohn- und Gehaltsbuchhaltung an. Abb. 2.4 zeigt einen Überblick über die verschiedenen Arten von Personalkosten und deren Verrechnung.

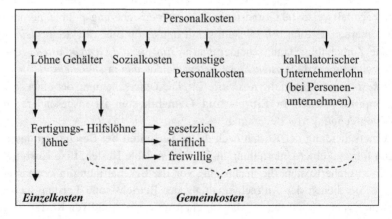

Abb. 2.4 Personalkosten

2.2.3.2 Materialkosten

Üblicherweise werden die in Abb. 2.5 dargestellten Materialarten unterschieden.

Für die Ermittlung der **Materialverbrauchsmengen** haben sich vier Verfahren herausgebildet: Die Zugangsrechnung, die Inventurmethode (Befundrechnung), die Skontrationsrechnung (Fortschreibungsmethode) und die retrograde Rechnung (Rückrechnung).

Idealerweise sollte die **Skontrationsrechnung** Anwendung finden. Bei ihr werden die Materialbestände in einer Lagerbuchhaltung fortgeschrieben. Dabei müssen die Abgänge (Verbräuche) mit Hilfe von **Materialentnahmescheine** festgehalten werden.

> Ordentlicher Verbrauch = Summe der auf Materialentnahmescheinen festgehaltenen Mengen

Der **außer**ordentliche Verbrauch ist in einer getrennten Rechnung feststellbar:

$$\text{Istanfangsbestand (lt. Inventur)}$$
$$+ \text{ Istzugang (lt. Lieferscheine)}$$
$$\underline{-\text{Istverbrauch (lt. Materialentnahmescheine)}}$$
$$= \text{ Sollendbestand}$$
$$\underline{-\text{Istendbestand (lt. Inventur)}}$$
$$= \textbf{außerordentlich Verbrauch}$$

Dieses Verfahren hat den Vorteil, dass die Weiterverrechnung der Verbrauchsmengen in der Kostenrechnung verursachungsgerecht erfolgen und der außerordentliche Verbrauch festgestellt werden kann (Jórasz 2009).

Nach der Feststellung der verbrauchten Material*mengen* sind diese zu (in der Regel) **durchschnittlichen Anschaffungspreisen bewerten**.

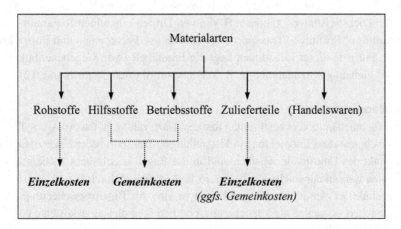

Abb. 2.5 Materialarten

2.2.3.3 Kalkulatorische Abschreibungen

Betriebsmittel wie Gebäude, Maschinen, maschinelle Anlagen, Fahrzeuge usw. sind langfristig nutzbare Produktionsfaktoren. Da diese Betriebsmittel dem Unternehmen mehrere Perioden zur Verfügung stehen und von ihm genutzt werden, muss ihr Verbrauch auch über mehrere Jahre verrechnet werden. Das geschieht in Form von Abschreibungen.

Die **kalkulatorischen Abschreibungen** in der **Kostenrechnung** sollen den tatsächlichen Werteverzehr der Betriebsmittel ausdrücken. Sie werden so lange verrechnet, wie das Wirtschaftsgut dem betrieblichen Leistungserstellungsprozess dient. Aus Gründen der Substanzerhaltung schreibt man in der Kostenrechnung von den Wiederbeschaffungs- oder Wiederherstellkosten ab. Mit den kalkulatorischen Abschreibungen soll auch nur der **ordentliche** Verbrauch erfasst werden. Außerordentliche Wertminderungen (z. B. Katastrophenverschleiß) werden durch den Ansatz von Wagniskosten berücksichtigt.

Als Abschreibungsverfahren wird in der Praxis üblicherweise die **lineare Abschreibung** gewählt (Abschreibungssumme geteilt durch die Nutzungsdauer). Dadurch fließen die Kosten Monat für Monat **gleichmäßig** in die Betriebsabrechnung. Kalkulatorische Abschreibungen werden in der Regel als **Gemeinkosten** verrechnet.

2.2.3.4 Kalkulatorische Zinsen

Durch die Investition von Kapital in Gebäude, Grundstücke, Fahrzeuge, Maschinen, Material usw. wird im Unternehmen Kapital gebunden. Dieses Kapital verliert an Wert, weil es einer anderweitigen Nutzung (z. B. Anlage auf dem Kapitalmarkt) entzogen wird, und unterliegt somit einem Verbrauch. Es gehen Zinserträge verloren. Diese entgangenen Zinsen werden als so genannte Opportunitätskosten betrachtet. Man bezeichnet dies als **zeitlichen Vorrätigkeitsverbrauch** des gesamten gebundenen, betriebsnotwendigen Kapitals. Es ist *nicht* von Interesse, ob es sich um Eigen- oder Fremdkapital handelt. Deshalb werden in der Kostenrechnung kalkulatorische Zinsen für Eigen- und Fremdkapital verrechnet.

2.2.3.5 Fremdleistungskosten

Fremdleistungskosten entstehen durch die Inanspruchnahme von Dienstleistungen Externer. Zu den Dienstleistungen zählen z. B. die von Dritten erbrachten Reparatur-, Reise-, Rechtsberatungs-, Prüfungs-, Transport-, Versicherungs-, Forschungs- und Entwicklungsleistungen. Für jede dieser Leistungen liegt ein Fremdbeleg vor. Gegebenenfalls ist eine zeitliche Abgrenzung vorzunehmen (z. B. Versicherungskosten: Jahresbetrag/12).

2.2.3.6 Wagniskosten

Jedes Unternehmen unterliegt bestimmten Risiken. Dazu zählt z. B. das Anlagen-, Lagerhaltungs-, Forschungs- und Entwicklungs-, Herstellungs-, Transport- oder Finanzrisiko. Höhe und Zeitpunkt des Eintritts der Risiken sind in der Regel jedoch nicht vorhersehbar. Als Wagniskosten werden nur solche Risiken verrechnet, die **nicht** durch Fremdversicherungen abgedeckt sind. Der Ansatz von Wagniskosten ist eine Art **Eigenversicherung**. Sind die Risiken versichert, so stellen die Versicherungsprämien Fremdleistungskosten dar.

Das allgemeine Unternehmerrisiko ist nicht kalkulierbar und findet keinen Eingang in die Kostenrechnung.

2.2.3.7 Steuern

Die von der öffentlichen Hand erhobenen und von dem jeweiligen Unternehmen zu zahlen-
den Steuern sind für die Kostenrechnung dahingehend zu überprüfen, ob sie das Kostenkriterium „Leistungsbezug" erfüllen oder nicht. So stellen beispielsweise die Kraftfahrzeugsteuer
für den zur Betriebs- und Geschäftsausstattung gehörenden PKW oder die Grundsteuer für
das Betriebsgelände Kosten dar. Die Kirchensteuer des Einzelunternehmers hat hingegen
nichts in der Kostenrechnung zu suchen. Das Kostenkriterium „Verbrauch" ist ebenfalls
erfüllt, da Geld verbraucht wird. Die Bewertung wird durch den Steuerbescheid vorgegeben.
Steuern sind als **Gemeinkosten** zu verrechnen. Gebühren und Beiträge an die öffentliche
Hand sollte man den Fremdleistungskosten zuordnen.

2.3   Kostenstellenrechnung

2.3.1   Aufgaben und Überblick

Angenommen, die Kostenerfassung bei der Flitzer AG hat ergeben, dass im Januar insgesamt 300.000 € Fertigungsmaterial (= Materialeinzelkosten), 50.000 € Fertigungslöhne
und **200.000 € Gemeinkosten** für die Produktion der Modelle Permatret und Mountainbike angefallen sind, so sind die Materialeinzelkosten und die Fertigungslöhne den beiden
Erzeugnissen direkt zurechenbar. Dies ist für die Gemeinkosten an dieser Stelle nicht
möglich. Die **Kostenstellenrechnung** dient nun der Aufteilung der Gemeinkosten auf die
Produkte für Zwecke der Kalkulation. Sie ist die zweite Abrechnungsstufe und ist in einem
Kostenrechnungssystem **nach** der Kostenartenrechnung und **vor** der Kostenträgerrechnung einzuordnen (vgl. Abb. 2.6).

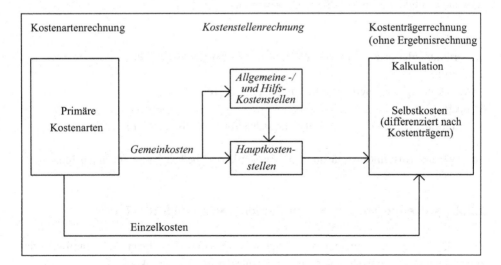

Abb. 2.6 Einordnung der Kostenstellenrechnung

Die Kostenstellenrechnung hat insbesondere zwei **Aufgaben** zu erfüllen:

- die verursachungsgerechte Zurechnung der Gemeinkosten auf die Kostenträger
- die Wirtschaftlichkeitskontrolle.

Die Kostenstellenrechnung setzt voraus, dass das gesamte Unternehmen in geeignete Abrechnungseinheiten (Kostenstellen = Orte der Kostenentstehung) untergliedert wird. Unabhängig von der Kostenstelleneinteilung kann man für die **Verrechnung** der Gemeinkosten zwei Arten von Kostenstellen unterscheiden:

- Hilfskostenstellen und Allgemeine Kostenstellen.
- Haupt- oder Endkostenstellen.

> **Hilfskostenstellen** und **Allgemeine Kostenstellen** (z. B. Arbeitsvorbereitung, innerbetrieblicher Transport, Instandhaltung) erbringen nur innerbetriebliche Leistungen. Diese Leistungen sind nicht für den Absatzmarkt bestimmt. **Hauptkostenstellen** (z. B. Montage, Lackiererei, Materialannahme, Verkauf) erbringen ausschließlich oder überwiegend Leistungen für das Endprodukt, das für den Absatzmarkt bestimmt ist.

Ziel der Kostenstellenrechnung muss es deshalb sein, alle Gemeinkosten auf die **Hauptkostenstellen** zu verrechnen. In den Hauptkostenstellen werden die Leistungen für das Endprodukt erbracht. Damit kann ein Zusammenhang zwischen den Gemeinkosten und den Produkten hergestellt werden.

Die **Verrechnung der Gemeinkosten** findet im **Betriebsabrechnungsbogen (BAB)** statt und erfolgt in mehreren Abrechnungsstufen:

1. **Stufe:**
   Verteilung der primären Gemeinkosten auf die Kostenstellen (Teil I)
2. **Stufe:**
   Verrechnung der innerbetrieblichen Leistungen (Teil II)
3. **Stufe:**
   Ermittlung der Gemeinkostenzuschlagssätze für die Kalkulation (Teil III)

Soll auch eine **Kostenkontrolle** durchgeführt werden, schließt sich diese in einem Teil IV an.

2.3.2   Verteilung der primären Gemeinkosten im BAB – Teil I

Zur Erläuterung der Gemeinkostenverrechnung im BAB der Flitzer AG benötigen wir zunächst einen Kostenstellenplan und einige ausgewählte Gemeinkosten:

Beispiel

Ausgewählte Kostenstellen:

Kurz-bezeichnung	Kostenstellen
A_1	Allgemeine Kostenstelle „Instandhaltung"
A_2	Allgemeine Kostenstelle „Innerbetrieblicher Transport"
H_3	Hauptkostenstelle „Material"
H_4	Hauptkostenstelle „Fertigung"
H_5	Hauptkostenstelle „Verwaltung"
H_6	Hauptkostenstelle „Vertrieb"

Ausgewählte (primäre) Gemeinkosten:

Primäre Gemeinkosten	€	Verteilungsschlüssel
Stelleneinzelkosten:		
• Hilfslöhne	27.200	direkt
• Gehälter	42.000	direkt
• kalkulatorische Abschreibungen	22.860	direkt
• Gemeinkostenmaterial	5.120	direkt
Stellengemeinkosten:		
• Sozialkosten	82.760	Lohn-/Gehaltssumme
• kalkulatorische Zinsen	11.500	betriebsnotwendiges Kapital
• Versicherung	2.875	betriebsnotwendiges Kapital
• Grundsteuer	1.940	qm
• Fremdreinigung	2.910	qm
• Wagniskosten	835	individuell
Summe (primäre) **Gemeinkosten**	**200.000**	

Gesamte Materialeinzelkosten :   300.000
Gesamte Fertigungslöhne :   50.000
Gesamtkosten :   **550.000**

Im Teil I des BAB erfolgt zunächst die Verteilung der primären Gemeinkosten aus der Kostenartenrechnung auf die eingerichteten Kostenstellen. Der Abb. 2.7 (BAB der Flitzer AG – Teil I) kann die Verteilung der oben aufgeführten primären Gemeinkosten (Stelleneinzel- und Stellengemeinkosten) entnommen werden. Die Stelleneinzelkosten werden direkt auf die Kostenstellen verteilt, die Stellengemeinkosten müssen mit einem Verteilungsschlüssel (vgl. Abb. 2.7) auf die Kostenstellen umgelegt werden. Dies ist bereits geschehen und wird hier nicht weiter erläutert.

Nr.	Kostenarten	Allgemeine Kostenstellen		Hauptkostenstellen				Gesamt (€)
		A_1	A_2	H_3	H_4	H_5	H_6	
1	(Materialeinzelkosten/Fertigungslohn)			(300.000)	(50.000)			(350.000)
Stelleneinzelkosten:								
2	Hilfslöhne	2.300	600	5.000	18.000	1.000	300	27.200
3	Gehälter	-	-	10.000	8.000	20.000	4.000	42.000
4	kalkulatorische Abschreibungen	1.000	500	2.000	15.600	3.200	560	22.860
5	Gemeinkostenmaterial	400	20	500	3.000	1.000	200	5.120
Stellengemeinkosten:								
6	Sozialkosten	1.840	480	9.000	58.400	10.800	2.240	82.760
7	kalkulatorische Zinsen	800	200	2.000	6.000	2.000	500	11.500
8	Versicherung	200	50	500	1.500	500	125	2.875
9	Grundsteuer	150	40	50	1.000	400	300	1.940
10	Fremdreinigung	225	60	175	1.500	600	450	2.910
11	Wagniskosten	135	50	25	500	-	125	835
12	Summe primäre Stellenkosten (PSK)	7.050	2.000	29.150	113.500	39.500	8.800	200.000

Betriebsabrechnungsbogen der Flitzer AG für Januar ....

Abb. 2.7 BAB der Flitzer AG (Teil I)

2.3.3 Innerbetriebliche Leistungsverrechnung im BAB – Teil II

Nach der Verteilung der aus der Kostenartenrechnung bekannten 200.000 € primären Gemeinkosten auf die Kostenstellen im BAB stellt man fest, dass sowohl auf Allgemeinen Kostenstellen wie auf Hauptkostenstellen (primäre) Gemeinkosten angefallen sind. Diese Gemeinkosten entstanden für bestimmte Leistungen: Von den Hauptkostenstellen waren es die direkten Leistungen, von den Allgemeinen Kostenstellen die indirekten Leistungen (Instandhaltungs- und innerbetriebliche Transportleistungen) für die Endprodukte (Permatret und Mountainbike).

Diese **indirekten** Leistungen der Allgemeinen Kostenstellen müssen nun auf die Kostenstellen verrechnet werden, für die sie erbracht worden sind. Dies geschieht in der Form, dass die Kostenstelle, die die innerbetriebliche Leistung **empfängt**, eine entsprechende **Kostenbelastung** erhält. Die Kostenstelle, die die innerbetriebliche Leistung **abgibt**, bekommt eine Gutschrift (**Kostenentlastung**). Nach dieser innerbetrieblichen Leistungsverrechnung befinden sich keine Gemeinkosten mehr auf den Allgemeinen Kostenstellen und Hilfskostenstellen. Das gesamte Gemeinkostenvolumen verteilt sich nur noch auf die **Hauptkostenstellen**.

Beispiel

Für die Verrechnung müssen über diese innerbetrieblichen Leistungsbeziehungen Aufzeichnungen geführt werden. Für die Flitzer AG unterstellen wir folgende Beziehungen:

Leistungsaustauschmatrix:

nach → ↓ von	A_1	A_2	H_3	H_4	H_5	H_6	Gesamt
A_1	-	20	5	100	10	15	150 Stunden
A_2	75	-	100	250	-	75	500 km

Die Leistungsaustauschmatrix zeigt, dass z. B. A_1 20 Instandhaltungsstunden für A_2 erbringt. Das bedeutet, dass die 20 Stunden mit einem Kostensatz zu bewerten sind. **A2** wird dann mit 20 Stunden • Kostensatz **belastet**, **A1** erhält eine entsprechende **Gutschrift**.

Für die Ermittlung dieser Kostensätze (Verrechnungssätze) haben sich verschiedene Verfahren herausgebildet. Davon wird an dieser Stelle beispielhaft **das simultane Gleichungsverfahren (Mathematisches Verfahren)** vorgestellt. Dieses Verfahren bietet sich an, weil sich A_1 und A_2 **gegenseitig** mit Leistungen beliefern. Auf die Darstellung anderer möglicher Verfahren soll hier verzichtet werden.

Wegen der gegenseitigen Leistungserbringung zwischen A_1 (Instandhaltung) und A_2 (innerbetrieblicher Transport) kann A_1 erst dann abrechnen, wenn A_2 abgerechnet worden ist. A_2 kann aber andererseits erst abrechnen, wenn A_1 abgerechnet worden ist. Dies ist allerdings dennoch möglich, wenn man alles **gleichzeitig** (simultan) **abrechnet**. Hierzu muss man ein **Gleichungssystem** aufstellen, um die **Verrechnungssätze** der innerbetrieblichen Leistungen ermitteln zu können. Für die Flitzer AG sind deshalb der *Verrechnungssatz für eine Instandhaltungsstunde* (**p1**) und der *Kilometersatz* (**p2**) zu ermitteln.

Das **Gleichungssystem** dazu ergibt sich nach folgendem allgemeinen Ansatz:

| Gemeinkostenwert der Gesamtleistungs- menge einer Kostenstelle | = | Primäre Stellenkosten (PSK) (s. BAB) | + | Gemeinkostenbelastungen für empfangene innerbetriebliche Leistungen (s. Leistungsaustausch- matrix) |

Beispiel

Für die Flitzer AG gilt damit folgendes Gleichungssystem:

für A_1:   **150 p_1 = 7 050 € + 75 p_2** | : 150

für A_2:   **500 p_2 = 2.000 € + 20 p_1** | : 500

① p_1 = 47 € + 0,5 p_2

② p_2 = 4 € + 0,04 p_1

② in ① :

$$p_1 = 47 + 0,5 \, (4 + 0,04 \, p_1)$$
$$p_1 = 47 + 2 + 0,02 \, p_1$$
$$0,98 \, p_1 = 49$$
$$\mathbf{p_1 = 50 \ €/Stunde}$$

p_1 in ② :

$$p_2 = 4 + 0,04 \, (50)$$
$$p_2 = 4 + 2$$
$$\mathbf{p_2 = 6 \ €/km}$$

Als nächstes sind die Mengenangaben aus der Leistungsaustauschmatrix mit diesen Verrechnungssätzen zu multiplizieren. Diese Werte werden im BAB entsprechend als Be- und Entlastungen bei den betroffenen Kostenstellen eingetragen (vgl. Abb. 2.8).

Damit ist es gelungen, alle Gemeinkosten auf die **Haupt**kostenstellen zu verrechnen. Da die Hauptkostenstellen direkte Leistungen für die Endprodukte erbringen, wurde eine Verbindung zwischen den angefallenen Gemeinkosten der Flitzer AG und den Endprodukten hergestellt. Diese Verbindung bestand in der Kostenartenrechnung noch nicht. Der nächste Schritt muss sein, diese Gemeinkosten einer jeden Hauptkostenstelle so aufzubereiten, dass sie in einer **Stück**rechnung (in der Kalkulation) den Erzeugnissen zugerechnet werden können. Dies geschieht im Teil III des BAB.

Im Übrigen nennen wir diese auf die Hauptkostenstellen verrechneten Gemeinkosten jetzt – **nach** der innerbetrieblichen Leistungsverrechnung – **Endstellenkosten** (ESK). Damit entsteht keine Verwechslung mit dem Begriff primäre Stellenkosten (= Gemeinkosten **vor** der innerbetrieblichen Leistungsverrechnung).

Nr.	Kostenstellen → ↓ Kostenarten	Allgemeine Kostenstellen		Hauptkostenstellen				Gesamt (€)
		A₁	A₂	H₃	H₄	H₅	H₆	
	Zeilen 1 – 11: siehe Abb. BAB der Flitzer AG (Teil I)							
12	Summe primäre Stellenkosten (PSK)	7.050	2.000	29.150	113.500	39.500	8.800	200.000
	Innerbetriebliche Leistungsverrechnung (*Simultanes Gleichungsverfahren*):							
13	Umlage A₁	- 7.500 ¹⁾	+ 1.000 ²⁾	+ 250 ²⁾	5.000 ²⁾	+ 500 ²⁾	+ 750 ²⁾	+/- 0
14	Umlage A₂	+ 450 ⁴⁾	- 3.000 ³⁾	+ 600 ⁴⁾	+ 1.500 ⁴⁾	-	+ 450 ⁴⁾	+/- 0
15	Summe Endstellenkosten (ESK)	0	0	30.000	120.000	40.000	10.000	200.000

Betriebsabrechnungsbogen der Flitzer AG für Januar ....

¹⁾ 150 Std. x 50 €/Std. = 7.500 €
²⁾ s. Leistungsaustauschmatrix: 20 Std. x 50 €/Std. = 1.000 €; 5 Std. x 50 €/Std. = 250 €; 100 Std. x 50 €/Std. = 5.000 €; 10 Std. x 50 €/Std. = 500 €; 15 Std. x 50 €/Std. = 750 €
³⁾ 500 km x 6 €/km = 3.000 €
⁴⁾ s. Leistungsaustauschmatrix: 75 km x 6 €/km = 450 €; 100 km x 6 €/km = 600 €; 250 km x 6 €/km = 1.500 €; 75 km x 6 €/km = 450 €

Abb. 2.8 Innerbetriebliche Leistungsverrechnung der Flitzer AG mit dem simultanen Gleichungsverfahren (BAB – Teil II)

2.3.4　Ermittlung der Zuschlagssätze im BAB – Teil III

Für die Kalkulation ist nun folgendes Problem zu lösen: In der Hauptkostenstelle H_4 (Fertigung) wurden 120.000 € Gemeinkosten ermittelt (Zeile 15 der vorherigen Abb.). Dieser Gemeinkostenbetrag fällt für die beiden Produkte Permatret und Mountainbike **insgesamt** an. Andererseits benötigt man einen Gemeinkostenbetrag in der Kalkulation, der sich auf **eine** Einheit einer jeden Produktart bezieht. Würde in der Fertigungskostenstelle nur das Mountainbike bearbeitet werden, könnten man die 120.000 € durch die Stückzahl teilen. Hier sind es jedoch zwei Erzeugnisse. Diese werden zudem noch unterschiedlich lang bearbeitet. Deshalb benötigt man für beide Erzeugnisse (Permatret und Mountainbike) eine **gemeinsame Verteilungsbasis** für die Gemeinkosten. Und die Zuschlagsbasis muss in einer direkten Abhängigkeit zu den angefallenen Gemeinkosten stehen: Je kleiner die Basis, desto geringer die Gemeinkosten; je größer die Basis, desto höher die Gemeinkosten. Diese Basis nennt man **Bezugsgröße**. In einer Istkostenrechnung heißt sie meistens **Zuschlagsbasis**. Als Bezugsgrößen oder Zuschlagsbasis kommen **Wertgrößen** (z. B. Fertigungslohn, Fertigungsmaterial), **Mengengrößen** (z. B. Stückzahl, Stückgewichte) und/oder **Zeitgrößen** (z. B. Fertigungsstunden, Maschinenstunden) in Frage. Dividiert man die Gemeinkosten der einzelnen Kostenstellen durch die jeweils ausgewählte Bezugsgröße (Zuschlagsbasis), so erhält man (mit 100 multipliziert) einen Prozentsatz, den **Gemeinkosten-Zuschlagssatz**.

$$\text{Zuschlagssatz} = \frac{\text{Endstellenkosten}\,(\text{ESK})\,\text{der Hauptkostenstelle}}{\text{Bezugsgröße der Hauptkostenstelle}} \cdot 100$$

Die folgenden Formeln enthalten die klassischen Bezugsgrößen für die einzelnen **betrieblichen Bereiche**.

$$\textbf{Material}\text{gemeinkostenzuschlagssatz} = \frac{\text{Materialgemeinkosten}}{\text{Materialeinzelkosten}} \cdot 100$$

$$\textbf{Fertigungs}\text{gemeinkostenzuschlagssatz} = \frac{\text{Fertigungsgemeinkosten}}{\text{Fertigungseinzelkosten}} \cdot 100$$

Für den **Fertigungsbereich** werden in der Formel die Fertigungseinzelkosten (= Fertigungslöhne) als Bezugsgröße ausgewiesen. Gerade hier können aber auch andere Bezugsgrößen in Frage kommen: Arbeitsstunden, Maschinenstunden, Fertigungsgewicht usw. Lohnintensive Fertigungsstellen wählen in der Regel den Fertigungslohn, kapitalintensive die Maschinenstunden.

$$\textbf{Verwaltungs}\text{kostenzuschlagssatz} = \frac{\text{Verwaltungskosten}}{\text{Herstellkosten}} \cdot 100$$

$$\textbf{Vertriebs}\text{gemeinkostenzuschlagssatz} = \frac{\text{Vertriebsgemeinkosten}}{\text{Herstellkosten}} \cdot 100$$

$$\text{FuE-Gemeinkostenzuschlagssatz} = \frac{\text{FuE-Gemeinkosten}}{\text{Herstellkosten}} \cdot 100$$

Beispiel

Für die Flitzer AG stellen sich die Zuschlagssätze für die vier Hauptkostenstellen wie in Abb. 2.9 gezeigt dar.

2.4 Vollkostenkalkulation bei Einzel-, Auftrags- und Serienfertigung

2.4.1 Aufbau der Zuschlagskalkulation

Für die Kalkulation von (fertigen und unfertigen) Erzeugnissen existieren unterschiedliche Verfahren. Welches **Verfahren** zur Anwendung kommt, hängt vom Fertigungstyp ab. Bei der Flitzer AG handelt es sich um eine **Serienfertigung**. Typisch für sie ist, dass einheitliche Produktarten begrenzt hinter- oder nebeneinander gefertigt werden. Allerdings besteht zwischen den Produkten der verschiedenen Serien keine oder nur geringe Übereinstimmung. Diese Unterschiedlichkeit der Produkte zeigt sich noch deutlicher bei **Einzel- oder Auftragsfertigung**. Jedes Produkt bzw. jeder Auftrag wird in meist unterschiedlichen Arbeitsabläufen hergestellt. Um in diesen Fällen die Kosten den Produkten oder Aufträgen verursachungsgerecht zurechnen zu können, wurde die **Zuschlagskalkulation** entwickelt. Auf die Darstellung anderer Kalkulationsverfahren bei alternativen Fertigungstypen sei hier verzichtet. Die Abb. 2.10 zeigt das Grundschema der Zuschlagskalkulation.

Bei den **Materialeinzelkosten** handelt es sich um den auf die Kostenträger direkt zugerechneten Materialverbrauch (Rohstoffkosten inkl. Fremdmaterial). Die **Materialgemeinkosten** stellen die Endstellenkosten (ESK) der Hauptkostenstelle(n) des Materialbereichs dar. Die **Fertigungseinzelkosten** sind die den Kostenträgern direkt zurechenbaren Personalkosten, i. d. R. die Fertigungslöhne. Bei den **Fertigungsgemeinkosten** wiederum handelt es sich um die Endstellenkosten (ESK) der Hauptkostenstellen der Fertigung. Zu den **Sondereinzelkosten der Fertigung** gehören beispielsweise die Kosten für spezielle Modelle, Schablonen, Sonderanfertigungen. Aus Gründen der Übersichtlichkeit ist es sinnvoll, dafür eine eigenständige Kalkulationsposition auszuweisen und diese Einzelkosten

Betriebsabrechnungsbogen der Flitzer AG für Januar ....

Nr.	Kostenstellen → ↓ Kostenarten	Allgemeine Kostenstellen		Hauptkostenstellen				Gesamt (€)
		A_1	A_2	H_3	H_4	H_5	H_6	
1	(Materialeinzelkosten/ Fertigungslohn)			(300.000)	(50.000)			200.000
	Zeile 2 - 14: siehe Abbildungen zum BAB Teil I und II							
15	Summe Endstellenkosten (ESK)	0	0	30.000	120.000	40.000	10.000	
16	Zuschlagsbasis			Material-einzelkosten (s. Zeile 1)	Fertigungs-lohn (s. Zeile 1)	Herstell-kosten 500.000 [1]	Herstell-kosten 500.000 [1]	
17	Zuschlagssatz			10 %	240 %	8 %	2 %	

[1]
Materialeinzelkosten   300.000 €
Materialgemeinkosten   30.000 €
Fertigungslohn   50.000 €
Fertigungsgemeinkosten   120.000 €
Herstellkosten   500.000 €

Abb. 2.9 Ermittlung der Zuschlagssätze der Flitzer AG im BAB – (Teil III)

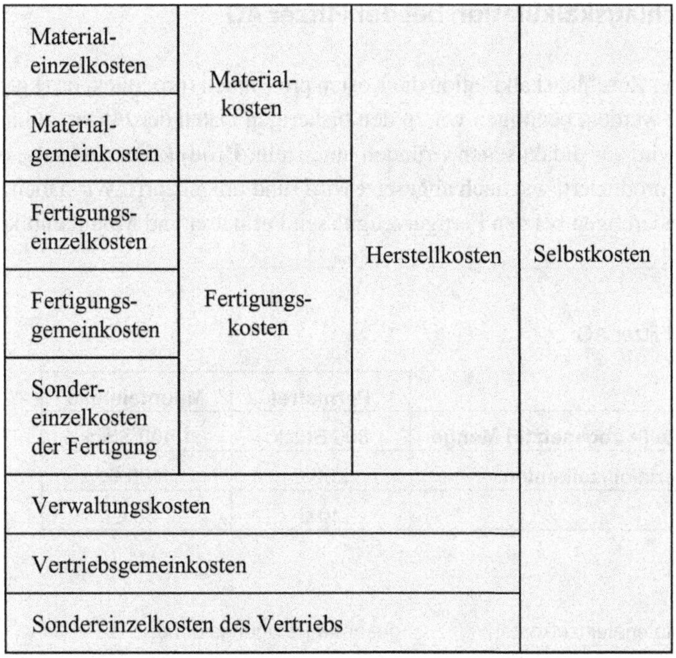

Material- einzelkosten	Material- kosten	Herstellkosten	Selbstkosten
Material- gemeinkosten			
Fertigungs- einzelkosten	Fertigungs- kosten		
Fertigungs- gemeinkosten			
Sonder- einzelkosten der Fertigung			
Verwaltungskosten			
Vertriebsgemeinkosten			
Sondereinzelkosten des Vertriebs			

Abb. 2.10 Grundschema der Zuschlagskalkulation

nicht in die Position Fertigungseinzelkosten einfließen zu lassen. Wird eine spezielle Hauptkostenstelle im Fertigungsbereich geführt, die Fertigungsgemeinkosten „sammelt", die von den üblichen Fertigungsgemeinkosten getrennt ausgewiesen werden sollen, wäre auch eine Kalkulationsposition **Sondergemeinkosten der Fertigung** denkbar. Die Material- und Fertigungskosten ergeben die **Herstellkosten**. Wird eine Hauptkostenstelle für **Forschungs- und Entwicklungsgemeinkosten** geführt, kann im Kalkulationsschema eine eigenständige Kalkulationsposition ausgewiesen werden. Sie werden meistens auf Basis der Herstellkosten verteilt. **Verwaltungs**(gemein)**kosten** wiederum stellen die Endstellenkosten (ESK) der Hauptkostenstelle(n) des Verwaltungsbereichs dar, **Vertriebsgemein-kosten** die Endstellenkosten (ESK) der Hauptkostenstelle(n) des Vertriebsbereichs. Beide Kalkulationspositionen sind über die Herstellkosten als Zuschlagsbasis zu verrechnen. Zur Ermittlung des Zuschlagssatzes für die Vertriebsgemeinkosten werden die Herstellkosten der *abgesetzten* Erzeugnisse herangezogen. Da die Verwaltungs(gemein)kosten nicht auf die Herstellkosten der produzierten Mengen und auf die Herstellkosten der abgesetzten Mengen aufteilbar sind, werden sie für die Zuschlagssatzermittlung aus Vereinfachungs-gründen ebenfalls auf die Herstellkosten der *abgesetzten* Erzeugnisse bezogen. Verpa-ckungsmaterial-, Provisions-, Frachtkosten u. ä. somit die den Kostenträgern direkt zurechenbaren Kosten aus dem Vertriebsbereich, werden üblicherweise als **Sondereinzel-kosten des Vertriebs** ausgewiesen. Die Summe aus allen Kalkulationspositionen (außer den Zwischensummen) ergibt die **Selbstkosten**.

2.4.2 Zuschlagskalkulation bei der Flitzer AG

Da mit Hilfe der Zuschlagskalkulation die Kosten pro Einheit (pro Stück, pro kg, pro Auftrag usw.) ermittelt werden, benötigen wir zu den bisherigen Daten der Flitzer AG noch weitere Angaben. Es wird aus didaktischen Gründen unterstellt: **Produktion = Absatz**, d. h. dass im Januar so viel produziert, wie auch abgesetzt wird (und umgekehrt). Wir haben somit keine Bestandsveränderungen bei den Fertigerzeugnissen Permatret und Mountainbike.

Beispiel

Daten der Flitzer AG:

	Permatret	Mountainbike
produzierte (= abgesetzte) Menge	800 Stück	1.400 Stück
Stückmaterialeinzelkosten	200 €	100 €
Stücklohn	10 €	30 €

Probe:

gesamte Materialeinzelkosten:	gesamte Fertigungslöhne:
200 €/Stück • 800 St. = 160.000 €	10 €/Stück • 800 Stück = 8.000 €
100 €/Stück • 1.400 St. = 140.000 €	30 €/Stück • 1.400 Stück = 42.000 €
Summe **300.000 €**	Summe **50.000 €**

Durch die Umrechnung der absoluten Gemeinkosten (ESK) in einen Prozentsatz wurde eine **relative** Größe gebildet. Dieser Prozentsatz bezieht sich jeweils auf eine bestimmte Zuschlagsbasis. Somit können wir in einer **Stück**rechnung diesen Prozentsatz auch verwenden, wenn jeweils dieselbe Zuschlagsbasis **pro Stück** verwendet wird. Da z. B. **jeder** Euro Materialeinzelkosten 0,10 € Materialgemeinkosten verursacht, können wir diesen Materialgemeinkosten-Zuschlagssatz von 10 % auch in der Kalkulation auf die Basis der Stückmaterialeinzelkosten übertragen.

▶ *Wie hoch sind die Stückkosten für das Modell Permatret und das Mountainbike?*

Beispiel

(Vollkosten)Kalkulation (in €):

Kalkulationspositionen	Permatret	Mountainbike
Stückmaterialeinzelkosten	200,00	100,00
Stückmaterialgemeinkosten (10 %)	20,00	10,00
Stückfertigungslohn	10,00	30,00
Stückfertigungsgemeinkosten (240 %)	24,00	72,00
= Stückherstellkosten	**254,00**	**212,00**
Stückverwaltungskosten (8 %)	20,32	16,96
Stückvertriebsgemeinkosten (2 %)	5,08	4,24
= Selbstkosten	**279,40**	**233,20**

Probe:

Multipliziert man die Kosten **pro Fahrrad** mit der Anzahl der hergestellten Fahrräder (Permatret: 800 Stück; Mountainbike: 1.400 Stück), erhält man wieder das gesamte Kostenvolumen von 550.000 €:

Kalkulationsposition	Permatret (800 Stück)	
	Stückkosten (€)	Gesamtkosten (€)
Materialeinzelkosten	200,00	160.000
Materialgemeinkosten	20,00	16.000
Fertigungslöhne	10,00	8.000
Fertigungsgemeinkosten	24,00	19.200
= Herstellkosten	254,00	203.200
Verwaltungskosten	20,32	16.256
Vertriebsgemeinkosten	5,08	4.064
= Selbstkosten	279,40	223.520

Kalkulationsposition	Mountainbike (1.400 Stück)	
	Stückkosten (€)	Gesamtkosten (€)
Materialeinzelkosten	100,00	140.000
Materialgemeinkosten	10,00	14.000
Fertigungslöhne	30,00	42.000
Fertigungsgemeinkosten	72,00	100.800
= Herstellkosten	212,00	296.800
Verwaltungskosten	16,96	23.744
Vertriebsgemeinkosten	4,24	5.936
= Selbstkosten	233,20	326.480

Kalkulationsposition	Gesamtkosten (Permatret und Mountainbike) (€)
Materialeinzelkosten	300.000
Materialgemeinkosten	30.000
Fertigungslöhne	50.000
Fertigungsgemeinkosten	120.000
= Herstellkosten	500.000
Verwaltungskosten	40.000
Vertriebsgemeinkosten	10.000
= Selbstkosten	550.000

In dieser Übersicht ist auch zu erkennen, wie sich die Endstellenkosten (ESK) der einzelnen Hauptkostenstellen auf die beiden Erzeugnisse aufteilen. Z. B. sind im BAB (Zeile 15) für den Materialbereich 30.000 € ausgewiesen. Mit Hilfe der Kalkulation erkennen wir, dass davon 16.000 € dem Modell Permatret und 14.000 € dem Mountainbike zuzurechnen sind.

Mit der **Maschinenstundensatzrechnung** kann die traditionelle Zuschlagskalkulation weiter verfeinert werden. Dies sollte dann geschehen, wenn sich in den Fertigungskostenstellen mehrere Maschinen befinden, die unterschiedlich hohe Kosten verursachen und die von den Kostenträgern in unterschiedlichem Maße in Anspruch genommen werden.

2.4.3   Kurzfristige Erfolgsrechnung (Betriebsergebnisrechnung)

Um Aussagen über den betrieblichen Erfolg erhalten zu können, müssen neben den herstellungs- und absatzbedingten **Kosten** auch die **Erlöse** erfasst werden. Da der Erfolg in der Regel monatlich ermittelt werden sollte, spricht man von der kurzfristigen Erfolgsrechnung. Zur Ermittlung des betrieblichen Erfolges können das **Gesamtkostenverfahren** und das **Umsatzkostenverfahren** herangezogen werden. Beide Verfahren führen zum **gleichen Ergebnis**.

Das **Gesamtkostenverfahren** stellt den gesamten Erlösen einer Abrechnungsperiode die **gesamten Kosten** der Abrechnungsperiode gegenüber (vgl. Abb. 2.11).

Unterscheidet sich die produzierte Menge von der abgesetzten, müssen die Bestandsveränderungen – wie in der Abb. dargestellt – berücksichtigt werden: Wird mehr produziert als abgesetzt, kommt es zu **Bestandserhöhungen**. Diese stellen Güterentstehung und damit Leistungen dar. Dementsprechend müssen sie zu den Erlösen, die ebenfalls auf Güterentstehung zurückzuführen sind, hinzu gezählt werden. Allerdings sind die Bestandserhöhungen mit den Herstellkosten zu bewerten. Wird mehr abgesetzt als in der laufenden Abrechnungsperiode produziert wurde, entstehen **Bestandsminderungen**. Es werden Lagerbestände abgebaut. Diese haben in vorangegangenen Perioden Kosten verursacht. Deshalb sind sie zu den Gesamtkosten der laufenden Periode zu addieren. Sie werden ebenfalls mit Herstellkosten bewertet.

Beim **Umsatzkostenverfahren** (vgl. Abb. 2.12) werden den gesamten Umsatzerlösen (getrennt nach Erzeugnissen) die gesamten Selbstkosten (getrennt nach Erzeugnissen) gegenüber gestellt. Die Selbstkosten enthalten als Mengengerüst die abgesetzte Menge. Es sind somit die Kosten des Umsatzes, die **Umsatzkosten**.

Beim Umsatzkostenverfahren kann die Kosten- und die Erlösseite getrennt nach Erzeugnissen dargestellt werden. Das ist sein großer Vorteil. Man kann damit feststellen, wie sich der Gesamterfolg zusammensetzt. Das Umsatzkostenverfahren zeigt die Erfolgsquellen auf. Allerdings ist eine ausgeprägte Kostenstellen- und Kostenträgerrechnung notwendig.

```
(Umsatz-)Erlöse der Periode

+ Bestandserhöhungen an fertigen und unfertigen
  Leistungen (bewertet zu Herstellkosten)

- Bestandsminderungen an fertigen und unfertigen
  Leistungen (bewertet zu Herstellkosten)

- Gesamtkosten der Periode gegliedert nach Kostenarten

= Betriebsergebnis
```

Abb. 2.11   Gesamtkostenverfahren

Umsatzerlöse der in der Periode abgesetzten Erzeugnisse, gegliedert nach Erzeugnisarten

- Selbstkosten der in der Periode abgesetzten Erzeugnisse (≡ Umsatzkosten), gegliedert nach Erzeugnisarten

= Betriebsergebnis

Abb. 2.12 Umsatzkostenverfahren

▶ *Welches Ergebnis hat die Flitzer AG erzielt?*

Wir wollen wissen, ob die Flitzer AG im Januar einen Gewinn oder einen Verlust erwirtschaftet hat. Darüber hinaus interessiert uns, welches Fahrradmodell welchen Beitrag zum Gesamterfolg geleistet hat.[2]

Beispiel

Daten der Flitzer AG:

1. Bekannte Daten:

Modell	Herstellkosten (€)	Verwaltungs- und Vertriebsgemeinkosten (€)	produzierte Menge (Stück)
Permatret	203.200	20.320	800
Mountainbike	296.800	29.680	1.400
Summe [2]	500.000	50.000	

Modell	Stückherstellkosten (€)	Stückselbstkosten (€)
Permatret	254,00	279,40
Mountainbike	212,00	233,20
Summe		

2. Neue Daten:

Modell	Erlöse (€)	abgesetzte Menge (Stück)	Stückherstellkosten der Vorperiode (€)
Permatret	499,00	600	wird nicht benötigt
Mountainbike	199,00	1.500	195,00

---

[2] Obwohl sich nunmehr die Absatzmengen von den (bisher angenommenen) produzierten Mengen unterscheiden (s. Tabelle „Neue Daten"), wird vereinfacht unterstellt, dass sich die Verwaltungs- und Vertriebskosten nicht ändern, somit komplett als Fixkosten betrachtet werden.

Die Angaben zeigen, dass bei der Flitzer AG die produzierte Menge mit der abgesetzten nicht mehr übereinstimmt. Bei Permatret haben wir einen Bestandsaufbau von 200 Stück (800 Stück – 600 Stück), beim Mountainbike liegt ein Bestandsabbau von 100 Stück vor (1.400 Stück – 1.500 Stück).

Gesamtkostenverfahren:

Erlöse Permatret und Mountainbike		597.900 €
(499 €/Stück x 600 Stück) + (199 €/Stück x 1 500 Stück)		
+ Bestandszunahme Permatret	+	50.800 €
(200 Stück x 254 €/Stück)		
– Bestandsabnahme Mountainbike		
(100 Stück x 195 €/Stück)	–	19.500 €
– gesamte Kosten der Periode	–	550.000 €
Betriebsgewinn	+	**79.200 €**

Umsatzkostenverfahren:

	Permatret	Mountainbike
Erlöse	299.400 €	298.500 €
– Herstellkosten der *abgesetzten* Menge	– 152.400 € [1]	– 316.300 € [2]
– Verwaltungs- u. Vertriebsgemeinkosten	– 20.320 € [3]	– 29.680 € [3]
Betriebsergebnis der Modelle	**+ 126.680 €**	**– 47.480 €**
Gesamtergebnis	**+ 79.200 €**	

[1] (203.200 € : 800 Stück) • 600 Stück

[2] 296.800 € + (100 Stück • 195 €/Stück)

[3] Verwaltungs- u. Vertriebsgemeinkosten beziehen sich auf die abgesetzte Menge; deshalb keine Umrechnung.

Es ist erkennbar, dass die Mountainbike-Produktion derzeit ein Verlustgeschäft darstellt.

2.5 Kostenkontrolle

Für eine Kostenkontrolle benötigt man einen **Maßstab**, an dem die angefallenen Ist-Gemeinkosten gemessen werden können. Ein einfacher, leicht zu ermittelnder Maßstab stellen **Normalkosten** dar. Normalkosten sind durchschnittliche Istkosten bezogen auf die aktuelle Beschäftigung. Damit werden die **Ist-Gemeinkosten** (Ist-ESK) mit den **Normal-Gemeinkosten** (Normal-ESK) verglichen, also mit den Gemeinkosten, die **normalerweise**, d.h. im Durchschnitt, hätten anfallen müssen. Durch den Vergleich der Normal-Gemeinkosten mit den Ist-Gemeinkosten sind Unterschiede feststellbar, die als **Über- und Unterdeckungen** bezeichnet werden. Für den Normal-Ist-Vergleich spricht, dass er schnell und leicht durchgeführt werden kann. Die notwendigen Ausgangsdaten stehen für die Ermittlung von Normalkosten ohnehin zur Verfügung. Es muss aber bedacht werden, dass eben diese Ausgangsdaten Istkosten darstellen. Und in diesen Istkosten sind Unwirtschaftlichkeiten enthalten. Damit stecken auch in den Normalkosten (durchschnittliche) Unwirtschaftlichkeiten (Jórasz 2009).

Eine Kostenkontrolle geschieht **kostenstellenweise.**

▶ *Wie kann eine wirksamere Kostenkontrolle betrieben werden?*

Der Gedanke liegt nahe, den Istkosten **zukünftige,** d. h. erwartete und bei normalem, ordnungsgemäßem Betriebsverlauf entstehende Kosten (= **Plankosten**) gegenüber zu stellen. Damit muss eine **Kostenplanung** vorausgehen. Für die **Kostenkontrolle** benötigt man zudem die Information, welche Kostenart in den Kostenstellen fix, variabel oder zum Teil fix und zum Teil variabel ist. Hierzu gibt es verschiedene Kostenauflösungsverfahren, auf die jedoch nicht weiter eingegangen werden soll.

Für die Durchführung der **Kostenkontrolle** in der Plankostenrechnung auf Vollkostenbasis benötigt man nun verschiedene Vergleichsgrößen (oder Maßstäbe):

Die in der Kostenplanung ermittelten Plankosten beziehen sich auf eine bestimmte Planbeschäftigung. Diese Plankosten sind auf die tatsächliche Beschäftigung (Istbeschäftigung) **umzurechnen.** Sie werden dann **Sollkosten** genannt. Dazu benötigen wir in einer Plankostenrechnung auf Vollkostenbasis die Information über fixe und variable Anteile einer Gemeinkostenart. Die Formel für die Umrechnung der Plankosten in die Sollkosten lautet:

$$\text{Sollkosten} = \text{Plan-Fixkosten} + \frac{\text{variable Plankosten} \cdot \text{Istbeschäftigung}}{\text{Planbeschäftigung}}$$

Teilt man die Plankosten einer Kostenstelle durch die zugrunde liegende Planbeschäftigung, so erhält man den Planverrechnungssatz. Dieser Planverrechnungssatz, mit der Istbeschäftigung multipliziert, ergibt die **verrechneten Plankosten.** Nach der Errechnung dieser Vergleichsgrößen können die verschiedenen Abweichungen pro Kostenstelle ermittelt werden:

$$\text{Istkosten} - \text{Sollkosten} = \textbf{Verbrauchsabweichung} \left(\mathbf{\Delta V} \right)$$
$$\text{Sollkosten} - \text{verrechnete Plankosten} = \textbf{Beschäftigungsabweichung} \left(\mathbf{\Delta B} \right)$$

Es ist üblich, dass man eine dritte Abweichungsart, die **Preisabweichung,** in den Kostenstellen nicht ausweist. Sie kann in Nebenrechnungen ermittelt werden. Dies geschieht dadurch, dass man die reinen Istkosten **umwertet.**

Beispiel

Istkosten = Istmenge • Istpreis (z. B. 50 kg • 2 €/kg = 100 €). Tauscht man den Istpreis (2 €/kg) durch einen Planpreis (z. B. 1,90 €/kg) aus, erhält man 95 €. Die Preisabweichung beträgt 5 €. Den Betrag von 95 € bezeichnet man ebenfalls als Istkosten (jetzt: im Sinne der Plankostenrechnung). Es ist üblich, in der Abweichungsermittlung (s. grauer Kasten oben) von diesen Istkosten (im Sinne der Plankostenrechnung) auszugehen. Geschieht dies nicht, muss man auch Preisabweichungen ermitteln.

Beispiel

Schauen wir uns die rechnerischen Zusammenhänge bei der Flitzer AG an: Angenommen, für die Kostenplanung in der Fertigungsstelle H $_4$ wird als **Bezugsgröße** die Stückzahl festgelegt. Als **Planbeschäftigung** wurden angenommene **2.000 Stück** geplant. Die Bewertung dieser Mengen erfolgt mit festen Verrechnungspreisen (Planpreisen). Es ergibt sich ein **Plankosten**volumen von **120.000 €** für die Fertigungskostenstelle. 25 % davon sollen **Fixkosten** darstellen (=30.000 €). Nach Ablauf der Planperiode hat sich herausgestellt, dass infolge eines unerwarteten Zusatzauftrags die Planbeschäftigung nicht eingehalten werden konnte. Tatsächlich wurden **2.200 Stück** produziert (= **Istbeschäftigung**). Die angefallenen **Istkosten** (im Sinne der Plankostenrechnung) betragen **139.000 €**. Vor der rechnerischen Ermittlung sei darauf hingewiesen, dass **keine Preisabweichung** entsteht, da hier die Istkosten im Sinne der Plankostenrechnung vorliegen sollen (siehe oben).

Zu ermitteln sind die **Verbrauchs-** und die **Beschäftigungsabweichung**.

Beispiel

Verbrauchsabweichung:

Die Verbrauchsabweichung ist die Differenz von Ist- und Sollkosten. Deshalb sind zunächst die Sollkosten zu ermitteln. Die Plankosten in Höhe von 120.000 € setzen sich aus 30.000 € Fixkosten und 90.000 € variable Kosten zusammen. Da die Plankosten auf Basis von 2.000 Stück geplant wurden, die Istbeschäftigung aber 2.200 Stück beträgt, sind die variablen Kosten auf diese Istbeschäftigung umzurechnen.

Beispiel

$$\text{Sollkosten} = 30.000 + \frac{90.000 \cdot 2.200}{2.200} = 129.000 \text{ €.}$$

Die Plankosten auf Basis der Istbeschäftigung (= Sollkosten) betragen somit 129.000 €. Damit ergibt sich eine Verbrauchsabweichung von
139.000 € − 129.000 € = 10.000 €.

▶   *Was sagt die Verbrauchsabweichung aus?*

Die Verbrauchsabweichung ist die Differenz von Istkosten (im Sinne der Plankostenrechnung) und Sollkosten bei 2.200 Stück Istbeschäftigung. Gerechnet wird somit:

$$\text{Istkosten} = \textbf{Ist}\text{menge} \cdot \textbf{Plan}\text{wert}$$
$$-\text{Sollkosten} = \text{Sollmenge} \cdot \textbf{Plan}\text{wert}$$
$$= \text{Verbrauchsabweichung}$$

Die **Istkosten** drücken den **tatsächlichen** Mengenverbrauch bei 2.200 Stück Istbeschäftigung aus. Die **Sollkosten** stellen den **planmäßigen** Mengenverbrauch bei 2.200 Stück Istbeschäftigung dar (Sollmenge). Treten nun Abweichungen auf, wurde bei der Istbeschäftigung tatsächlich zu viel oder zu wenig gegenüber der Planung **verbraucht**. In unserem Beispiel ist es zuviel. Die Verbrauchsabweichung ist somit eine **Mengenabweichung** in € ausgedrückt. Sie ist die interessante Abweichung im Rahmen der Kostenkontrolle.

Da die Verbrauchs-(oder Mengen)abweichung die eigentlich interessierende Abweichung ist, es somit auf die Soll- und Istkosten ankommt, verwendet man für die Kostenkontrolle auch den Begriff **Soll-Ist-Vergleich (SIV)**.

Beispiel

Beschäftigungsabweichung:

Für die Berechnung der Beschäftigungsabweichung benötigen wir neben den Sollkosten auch die verrechneten Plankosten (auf Basis der Istbeschäftigung).

Der **Planverrechnungssatz** pro Stück beträgt 120.000 € : 2.000 Stück = **60 €/Stück**. Da tatsächlich 2.200 Stück produziert wurden, sind 2.200 Stück • 60 €/Stück = **132.000 €** verrechnet worden. Das ist die **verrechnete Plankosten**summe.

Damit ergibt sich eine **Beschäftigungsabweichung** von

129.000 € − 132.000 € = − **3.000 €**.

▶   *Was sagt die Beschäftigungsabweichung aus?*

Die Beschäftigungsabweichung kann als **Kalkulationsfehler** erklärt werden. Dieser Fehler entsteht systembedingt, weil es sich um eine Vollkostenrechnung handelt. Deshalb ist die Beschäftigungsabweichung aus der Gesamtabweichung herauszurechnen, da sie nichts mit Unwirtschaftlichkeiten zu tun hat. Der Kalkulationsfehler entsteht dadurch, weil die **Voll**kostenrechnung für Kalkulationszwecke **keine** Fixkosten kennt.

Beispiel

In unserem Beispiel haben wir einen **Planverrechnungssatz** von 60 €/Stück ermittelt. Das ist ein Vollkostensatz. Für die 2.200 Stück Istbeschäftigung werden 2.200 Stück • (!) 60 € €/Stück verrechnet. Jedes einzelne Stück wird mit 60 € multipliziert. Anders ausgedrückt: Auch die darin enthaltenen Fixkosten werden systembedingt wie variable Kosten behandelt. Es wird unterstellt, dass bei Null Stück Beschäftigung 60 €/Stück • 0 Stück = 0 € Kosten anfallen; bei 2.200 Stück

Beschäftigung hingegen 132.000 €. Tatsächlich liegen aber 30.000 € Fixkosten vor. Somit stellen die **Sollkosten** (=129.000 €) den **richtigen** Kostenbetrag bei 2.200 Stück Istbeschäftigung dar.

Durch die Differenz von Sollkosten und verrechneten Plankosten (= Beschäftigungsabweichung) wird festgestellt, wie viel **Fixkosten** bei **Über**beschäftigung **zu viel**, wie viel bei **Unter**beschäftigung **zu wenig** fälschlicherweise verrechnet wurden.

In einer **Grenzplankostenrechnung** werden übrigens in der Kostenstellenrechnung aus bestimmten (hier nicht weiter ausgeführten) Gründen keine Fixkosten verrechnet. Deshalb können auch nicht zu viel oder zu wenig Fixkosten kalkuliert werden. Somit entsteht in der Grenzplankostenrechnung **keine Beschäftigungsabweichung**.

Beispiel

Gesamtabweichung:

Die **Gesamtabweichung** der Flitzer AG (Δ V + Δ B) beträgt:
10.000 € + (−3.000 €) = **7.000 €.**

2.6   Teilkostenrechnung

2.6.1   Teilkostenprinzip

▶   *Warum gibt es Teilkostenrechnungen?*

Vollkostenrechnungen verrechnen **alle** Kosten auf die Erzeugnisse. Die so ermittelten Stückselbstkosten müssen langfristig über den Marktpreis mindestens gedeckt werden. Sie stellen die langfristige Preisuntergrenze dar. Deshalb kann nicht auf Vollkostenrechnungen verzichtet werden. Vollkosten weisen allerdings den Mangel auf, dass die in den Gemeinkosten enthaltenen Fixkostenbestandteile wie variable Kosten behandelt werden. Fixkosten sind Kosten der Betriebsbereitschaft. Sie sind zeitabhängig, stehen jedoch in keinem bestimmten Verhältnis zu leistungsabhängigen Bezugsgrößen wie Stück, Maschinenstunden usw. Das war der Grund, warum man **Teilkostenrechnungen** entwickelt hat: Die Fixkosten werden nicht mehr in die Erzeugnisse kalkuliert, sondern als Periodenkosten in das Betriebsergebnis eingestellt (vgl. Abb. 2.13).

Die Teilkostenrechnung ist ein Kostenrechnungssystem, das die fixen und variablen Kosten in allen Abrechnungsstufen (Kostenarten-, Kostenstellen- und Kostenträgerrechnung) **getrennt** behandelt. Dabei fließen nur die **variablen** Kosten (= variable Gemeinkosten und Einzelkosten) in die **Kalkulation** ein, somit nur ein **Teil** der Kosten. Die **Fixkosten** werden direkt in die **Ergebnisrechnung** eingestellt. Erst dort treffen sich die fixen und variablen (also alle) Kosten wieder.

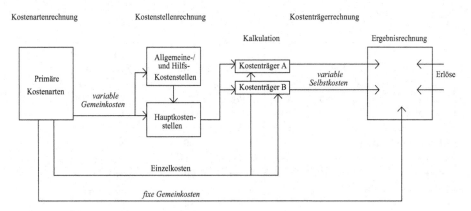

Abb. 2.13 System der Teilkostenrechnung

2.6.2 Deckungsbeitragsrechnung

Die Deckungsbeitragsrechnung ist eine Teilkostenrechnung, die den Erlösen nur die variablen Kosten unmittelbar zurechnet. Im Mittelpunkt der Deckungsbeitragsrechnung steht der **Deckungsbeitrag**: Die Differenz von Erlösen und variablen Kosten.

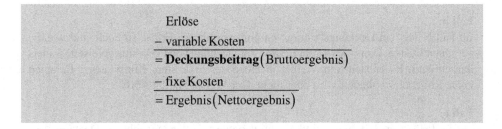

In der Deckungsbeitragsrechnung werden die Vollkosten in ihre fixen und variablen Bestandteile aufgelöst. Im ersten Rechenschritt zieht man die variablen Kosten von den Erlösen ab. Man erhält als Zwischensumme den Deckungsbeitrag. Im zweiten Rechenschritt werden von diesem Deckungsbeitrag die Fixkosten abgezogen und man ermittelt das Ergebnis. Mit dieser Rechnung will man durch die Ermittlung eines Deckungsbeitrages sehen, ob mindestens die variablen Kosten gedeckt sind. Sie sind dann gedeckt, wenn die Erlöse gleich hoch oder größer sind. Damit ergibt sich rechnerisch ein **Deckungsbeitrag**, der entweder **Null** oder **positiv** ist. Deshalb stellen die **variablen Kosten** (nicht der Deckungsbeitrag) die **kurzfristige** (nicht dauerhafte) **Preisuntergrenze** dar. Ist die Zwischensumme – der Deckungsbeitrag – positiv, aber geringer als die Fixkosten, deckt er zumindest einen Teil der Fixkosten. Ist der Deckungsbeitrag größer als die Fixkosten, entsteht ein Gewinn. Der **Deckungsbeitrag** gibt somit an, in welcher Höhe er zur **Deckung** der Fixkosten **beiträgt**:

Beispiel

in €	Fall a:	Fall b:	Fall c:	Fall d:	Fall: Nicht produktion
Erlöse	100	110	120	170	0
- variable Kosten	- 110	- 110	- 110	- 110	0
= Deckungsbeitrag	- 10	0	+ 10	+ 60	0
- Fixkosten	- 50	- 50	- 50	- 50	-50
= Verlust/Gewinn	- 60	- 50	- 40	+ 10	-50

Fall a:

Im Fall a sind die Erlöse geringer als die variablen Kosten. Dadurch ergibt sich ein
negativer Deckungsbeitrag (− 10 €). Durch die bestehenden Fixkosten in Höhe von 50 €
entsteht sogar ein Verlust von − 60 €. Es werden durch den Deckungsbeitrag keine Fixkosten gedeckt. Konsequenz: Würde dieses Produkt nicht produziert werden, wäre der
Verlust nur − 50 € (= in Höhe der Fixkosten). Konsequenz wäre die Einstellung der
Produktion.

Fall b:

Im Fall b liegt ein Deckungsbeitrag von Null vor, da die Erlöse so hoch sind wie die
variablen Kosten. Damit wird kein Beitrag zur Deckung von Fixkosten geleistet. Anders
ausgedrückt: Es entsteht ein Verlust in Höhe der Fixkosten. Konsequenz: Es spielt
keine Rolle, ob produziert wird oder nicht. Der Verlust beträgt −50 €.

Fall c:

Da die Erlöse um 10 € höher sind als die variablen Kosten, entsteht ein Deckungsbeitrag von + 10 €. Von den bestehenden Fixkosten (50 €) werden dadurch zumindest 10 €
gedeckt und 40 € nicht gedeckt. Zwar entsteht immer noch ein Verlust. Doch der ist um
10 € niedriger, als wenn das Produkt nicht produziert würde. Konsequenz: Die Produktion lohnt sich (sofern es keine besseren Alternativen gibt).

Fall d:

Aufgrund der hohen Erlöse liegt nunmehr ein Deckungsbeitrag vor (+60 €), der nicht
nur die Fixkosten deckt (=50 €), sondern sogar um 10 € über den Fixkosten liegt.
Dadurch entsteht ein Gewinn (+10 €). Die Produktion lohnt sich auch langfristig. Es
werden die variablen und die fixen Kosten gedeckt.

So lange ein positiver Deckungsbeitrag vorliegt, lohnt sich die bestehende Produktion. Wünschenswert ist natürlich der Fall d. Aber auch der Fall c zeigt: Selbst wenn
keine Vollkostendeckung erreicht wird, lohnt sich die Produktion. Allerdings muss hier
eingeschränkt werden, dass diese Situation nicht dauerhaft eintreten darf. Vorübergehend kann man auf die Deckung von Fixkosten verzichten.

2.7   Beispiel

Diese eben beschriebenen Zusammenhänge kann man für verschiedene Entscheidungsrechnungen nutzen (u. a. für die gewinnmaximale oder kostenoptimale Programmplanung, für die Entscheidung zwischen Eigenfertigung und Fremdbezug oder für eine
Break-Even-Rechnung). Dies sei beispielhaft anhand der Programmplanung demonst-
riert. Hier können mit Hilfe der Deckungsbeitragrechnung Fragen beantwortet werden
wie: Lohnt sich die Herstellung aller derzeitigen Produkte? Soll die Fertigung eines
bestimmten Produktes eingestellt werden? Führen Zusatzaufträge zu einer Verbesserung
der Gewinnsituation?

Beispiel

Programmoptimierung:

Greifen wir die Entscheidungssituation heraus, ob ein bestimmtes Produkt zukünftig
gefertigt werden soll oder nicht. Die Flitzer AG hat eine **Sparte**, in der Fahrradreifen
(18", 21" und 28") hergestellt werden. Diese sollen nun auf ihre Ertragsstärke hin untersucht werden. Aus der Kostenrechnung, die als Voll- und Teilkostenrechnung ausgebaut
ist, können folgende Daten entnommen werden:

Fahrradreifen	18"	21"	28"
Verkaufszahlen (Stück) **Erlös/Stück (€)**	500 14,00	2.000 15,00	500 28,00
Daten der Vollkostenrechnung: **Selbstkosten/Stück (€)**	10,00	17,50	20,00
Daten der Teilkostenrechnung: **variable Stückkosten (€)** **gesamte Fixkosten (€)**	6,00	10,50 20.000	12,00

Vorausgesetzt, dass sich die produzierte und die abgesetzte Menge entsprechen,
kommt sowohl die Vollkostenrechnung wie die Teilkostenrechnung auf Gesamtkosten
in Höhe von 50.000 €. Anhand dieses Beispiels kann allerdings zudem gezeigt werden,
dass eine Vollkostenrechnung auch zu Fehlentscheidungen führen kann.

Vollkostenbetrachtung:

- in € -	18"	21"	28"	Gesamt
gesamte Erlöse **- Vollkosten**	7.000 5.000	30.000 35.000	14.000 10.000	51.000 50.000
= Ergebnis	+ 2.000	- 5.000	+ 4.000	+ 1.000

Da die Vollkostenrechnung nur diese Daten zur Verfügung hat, würde Herr Schar-
renberg, Leiter des Rechnungswesens der Flitzer AG, zu dem Schluss kommen, die
Produktion der 21"-Reifen einzustellen. Ohne diese Reifen müsste doch ein Gewinn
von +6.000 € entstehen, derzeit sind es nur + 1.000 €.

Teilkostenbetrachtung:

- in € -	18"	21"	28"	Gesamt
gesamte Erlöse	7.000	30.000	14.000	51.000
- variable Kosten	3.000	21.000	6.000	30.000
= Deckungsbeitrag	+ 4.000	+ 9.000	+ 8.000	+ 21.000
- Fixkosten		20.000		- 20.000
= Gewinn		+ 1.000		+ 1.000

Die Teilkostenbetrachtung zeigt, dass es eine Fehlentscheidung wäre, die Produktion der 21"-Reifen einzustellen (positiver Deckungsbeitrag). Würden die 21"-Reifen
zukünftig nicht mehr hergestellt werden, wären 9.000 € der 20.000 € Fixkosten nicht
mehr gedeckt. Einen Deckungsbeitrag würden nur noch die 18"- und die 28"-Reifen in
Höhe von 12.000 € (4.000 € + 8.000 €) leisten. Damit entstünde ein Verlust von −
8.000 €.

Dieses Beispiel ist stark vereinfacht. Es wäre natürlich zu prüfen, ob beispielsweise bei
Einstellung der 21"-Produktion Fixkosten abgebaut werden können. Auch bei Engpasssi-
tuationen (z. B. durch Aufnahme eines Zusatzauftrages oder alternative Produkte) würde
sich die Rechnung neu darstellen. Aber das Beispiel soll letztlich auch nur in die Thematik
einführen. Mit dem Deckungsbeitrag ist auf einen Blick erkennbar, ob ein Produkt eine
Ergebnisverbesserung (positiver Deckungsbeitrag) oder eine Ergebnisverschlechterung
(negativer Deckungsbeitrag) bewirkt.

Literatur

Jórasz, W., Kosten- und Leistungsrechnung, 5. Aufl., Stuttgart 2009.

Marketing

3

Zusammenfassung

Das Marketing beschäftigt sich mit der Fragestellung, wie **Produkte** zu gestalten sind, mit welchen **Preisen** sie vermarktet werden können, wie die **Werbung** dafür aussieht und welche **Händler** für den Verkauf in Frage kommen.

3.1 Grundlagen

▶ *Was ist Marketing?*

Die Nachkriegszeit war in Deutschland gekennzeichnet durch Versorgungsmängel. Es waren kaum Rohstoffe, Maschinen oder Arbeitskräfte vorhanden. Es konnte nicht genügend hergestellt werden. Wenn die Nachfrage das verfügbare Angebot übersteigt, spricht man von einem **Verkäufermarkt**. Alle Energien im Unternehmen waren auf die Produktion ausgerichtet. Sie war der Engpass. Alles was produziert werden konnte, ließ sich problemlos verkaufen.

Beispiel

Die Situation eines Verkäufermarktes konnte bis zum Zusammenbruch in der DDR beobachtet werden. Bei einer Lieferzeit von 13 Jahren für einen Trabant wurden alle Anstrengungen auf die Einhaltung von Produktionszielen gerichtet. Für eine Ausrichtung der Produkte an den Kundengeschmack bestand keine Notwendigkeit.

Die hohe Nachfrage führt dazu, dass immer größere Mengen hergestellt werden, bis schließlich das Angebot größer als die Nachfrage ist. Man spricht dann von einem **Käufermarkt**. Der Kunde ist nun der König. Er hat die Auswahl und kann sich zwischen dem Angebot zahlreicher Anbieter entscheiden.

© Springer Fachmedien Wiesbaden GmbH 2017
N. Carl et al., *BWL kompakt und verständlich*, DOI 10.1007/978-3-658-17064-6_3

Der Anbieter muss nun sein Hauptaugenmerk nicht mehr auf die Produktion richten. Er muss jetzt bemüht sein, Produkte so zu gestalten, dass sie den Wünschen des Abnehmers bestmöglich entsprechen. Das ist der Grundgedanke des modernen Marketings:

> Marketing bedeutet, sich so zu verhalten, wie der Kunde es wünscht. Alle im Unternehmen müssen im Sinne des Kunden denken und handeln.

Der Kunde ist der Maßstab aller Dinge. Wenn seine Wünsche erfüllt werden, kauft er die angebotenen Produkte und bringt damit Geld in das Unternehmen, welches für die Erfüllung aller anderen Ziele notwendig ist.

Das Marketing besteht aus **vier Bereichen**:

- **Produktgestaltung**: Die Gestaltung der Produkte und die Zusammenstellung zum Angebotsprogramm des Unternehmens.
- **Preisgestaltung**: Die Gestaltung der Produktpreise und der Zahlungsbedingungen.
- **Werbung**: Die Gestaltung der Informationen über die Produkte und das Unternehmen.
- **Vertrieb**: Die Gestaltung der Absatzwege und der Verkaufslogistik.

Jeder der vier Bereiche besteht aus vielfältigen Einzelmaßnahmen. Alle Maßnahmen aus den vier Bereichen beeinflussen sich i. d. R. wechselseitig. Ein hochwertiges Produkt wird wohl auch mit einem höheren Preis angeboten. Es wird über entsprechend anspruchsvolle Medien beworben, und es gelangt über exklusive Händler zum Endkunden. Entscheidend neben der bestmöglichen Gestaltung der Einzelmaßnahmen ist deren abgestimmte Kombination. Das Marketing eines Unternehmens ist nur so gut wie die Summe seiner Teilbereiche.

3.2   Produktangebot

> Die Aufgaben im Zusammenhang mit dem Produktangebot beinhalten die Produktgestaltung, die Zusammensetzung aller angebotenen Produkte zu einem Angebotsprogramm und die Gestaltung des mit den Produkten verbundenen Services.

3.2.1   Produktgestaltung

▶   *Wie gut muss ein Produkt sein?*

Bei der Gestaltung der angebotenen Produkte sind die objektive und die subjektive Qualitäten zu berücksichtigen.

Objektive Qualitäten eines Fahrrades sind z. B. das Material des Rahmens, sein Gewicht, seine Belastbarkeit, der Reifendurchmesser, die Schaltung und vieles mehr. Es handelt sich immer um messbare und vergleichbare Eigenschaften. Sie gehen in das Verkaufsprospekt ein. Der Kunde kann die Eigenschaften verschiedener Fahrräder vergleichen und sich dann entscheiden.

Eine Messung oder ein Vergleich der so genannten **subjektiven Qualität** ist kaum möglich. Dennoch ist das Design bei vielen Produkten der entscheidende Kaufgrund. Oftmals entscheidet sich der Kunde nur wegen des Designs für ein bestimmtes Produkt. Man muss daher über **Kundenbefragungen** feststellen, was den Kunden gefällt, welcher Geschmack vorherrscht.

Nicht jedes Produkt ist wirklich neu. Oft wird ein Produkt nur verändert. Nur bei neuen Ideen spricht man von einer **Innovation**. In Deutschland sollen 90 % der Umsatzzuwächse durch Innovationen möglich sein. Wenn Erfindungen ein echtes Kundenbedürfnis erfüllen, kann das Unternehmen bei richtiger Vermarktung eine Alleinstellung am Markt erreichen, die ihm hohe Gewinne ermöglicht. Den Chancen der Innovationen stehen jedoch auch erhebliche Risiken gegenüber. Die hohen Kosten für Forschung und Entwicklung sowie für die Markteinführung können verloren sein, wenn das neue Produkt scheitert. 80 % aller Innovationen am Markt stellen **Flops** dar.

Beispiel

Beispiele technisch hervorragender Innovationen, die am Markt scheiterten, sind die MiniDisc von Sony und aus technologischer und ökonomischer Sicht auch das Überschallflugzeug „Concorde".

3.2.2 Programmgestaltung

▶ *Welche Produkte sollen angeboten werden?*

Ein Fahrradhändler verkauft nicht nur einen Fahrradtyp. Der Kunde möchte eine gewisse Auswahl haben. Wenn er schon einmal im Laden ist, kann der Händler gleich ähnliche Produkte mit verkaufen (Helme, Luftpumpe). Man spricht hier von einem **Nachfrageverbund**. Der Händler bietet ein umfassendes Produktprogramm an.

Die Beurteilung eines Programms erfolgt nach den Kriterien Breite und Tiefe (vgl. Abb. 3.1). **Breit** ist ein Programm, wenn die angebotenen Produkte sehr verschiedene Bedürfnisse befriedigen. Fahrräder, Surfbretter und Kletterausrüstungen sind hierfür Beispiele. Ein **tiefes** Programm liegt vor, wenn der gleichartige Bedarf auf vielfältige Weise befriedigt wird, wenn beispielsweise Rennräder in unterschiedlichen Ausführungen angeboten werden.

Eine **Programmerweiterung** bietet sich an, wenn mit den bisherigen Programmbestandteilen keine zusätzlichen Umsätze mehr erzielt werden können. Ein ausgedehntes Programm wird für den Kunden allerdings schwerer überschaubar. Die Logistik, die

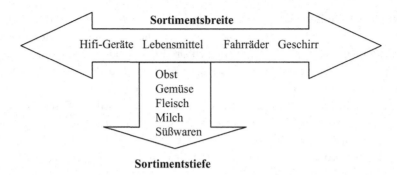

Abb. 3.1 Sortimentsbreite und -tiefe

Lagerhaltung und die Gewährleistung werden immer schwieriger. Die entstehenden Kosten werden immer höher, das Unternehmen immer unbeweglicher. Die **Programmbereinigung** ist daher eine ständige Aufgabe.

3.2.3 Service

▶ *Warum ist der Service so wichtig?*

Jeder Hersteller und jeder Händler muss heute einen gewissen Service bieten, wenn er seine Produkte verkaufen will.

> Unter Service sind alle Dienstleistungen zu verstehen, die den Absatz des Produktes fördern oder ihn überhaupt erst ermöglichen.

Der Service ist immer in Verbindung mit den Produkten zu sehen, er ist keine eigenständige Unternehmensleistung. Von Bedeutung sind der Kundendienst, die Garantieleistungen und zunehmend auch die Entsorgung der alten Produkte.
  Ein guter **Kundendienst** wird immer wichtiger:

- Der Kunde will nicht mehr nur das Produkt kaufen. Er erwartet, dass der Verkäufer auch alle Leistungen, die mit dem Produkt verbunden sind (Kundendienst, Finanzierung, Instandhaltung) mit übernimmt.
- Die Produkte werden immer ähnlicher. Wenn man sich hervorheben will, geht das oft nur über einen besonders guten Kundendienst.
- Viele Produkte sind kompliziert. Ohne einen Kundendienst von Fachleuten kann man sie nicht mehr instand halten.

Der Kundendienst lässt sich weiter unterscheiden in den technischen und den kaufmännischen Kundendienst. Der **technische Kundendienst** beinhaltet Installations-, Inspektions-, Wartungs-, Ersatzteil- und Reparaturdienst. Auch die Erstellung von Gebrauchsanleitungen und die Schulung in der Bedienung gehören dazu. Der **kaufmännische Kundendienst** umfasst die Vermittlung von Finanzierungsangeboten oder die Berechnung der Wirtschaftlichkeit der verkauften Maschinen.

Zum Teil bestehen rechtliche Vorschriften, zum Teil gewährt der Hersteller freiwillig für eine bestimmte Zeit kostenlosen Ersatz oder Reparatur für ein schadhaftes Produkt. Eine derartige **Garantie** gibt dem Käufer eine gewisse Sicherheit beim Kauf des Produktes. Auch nach der Garantiezeit ist es sinnvoll, im Rahmen der **Kulanz** freiwillig schadhafte Produkte kostenlos zu ersetzen. Man vermeidet somit einen unzufriedenen Kunden, der im Bekanntenkreis schlecht über das Produkt redet.

Ein Schaden ist schnell behoben.

Ein unzufriedener Kunde kommt nie mehr wieder und erzählt es seinen Bekannten.

Der **Entsorgung** und dem anschließenden Recycling oder der Verschrottung der verkauften Güter wird in Zukunft immer größere Bedeutung zukommen. Zum Teil übernimmt diese Aufgabe das **Duale System**. Alle Produkte die mit einem Grünen Punkt gekennzeichnet sind, werden über diese Organisation entsorgt. Die Kosten werden über einen Beitrag der Hersteller gedeckt. Einige Produkte (Autos, Computer) müssen jedoch auch direkt über den Hersteller oder über von ihm beauftragte Unternehmen entsorgt werden. Wenn sich aus dem Abfall Gewinne erzielen lassen stellt das kein Problem dar. Schwierig wird es, wenn geregelt werden muss, wer die anfallenden Kosten übernimmt.

3.3   Preisgestaltung

Zur Preisgestaltung gehören die Aufgabe der erstmaligen Preisfestlegung sowie die Rabattgewährung und die mit dem Kauf verbundenen Finanzierungsangebote.

Für die meisten Kunden ist der Preis das wichtigste Produktmerkmal. Nach der Betrachtung des Produktes wird zunächst die Frage nach dem Preis gestellt. Die Preishöhe ist daher sehr entscheidend für die Absatzmenge. Eine Preisverringerung führt sofort zu einer

höheren Verkaufsmenge. Wenn die Kosten nicht verringert werden, führt eine Preisverringerung aber auch sofort zu einem geringeren Erlös je Stück.

3.3.1   Preisfestlegung

▶   *Welche Aspekte beeinflussen die Preishöhe?*

Die Höhe des vom Unternehmen verlangten Preises hängt von vielen Dingen ab (vgl.
Abb. 3.2).

Eine kurzfristige Preisänderung ist leicht durchführbar; es bleibt jedem Unternehmen
selbst überlassen, seine Preise zu verändern. Bei jeder Preisfestlegung wird man sich
jedoch überlegen, ob sie mit dem **Unternehmensziel** harmoniert. So wie man bei Tchibo
immer niedrige Preise erwartet, so ist man auch bereit, für Rolex Uhren einen höheren
Preis zu bezahlen (vgl. Abb. 3.3) (www.rolex.de www.tchibo.de).

Die Freiheit der Preisgestaltung wird in einigen Branchen eingeschränkt durch **staatli-
che Regulierungen**. In der Vergangenheit mussten Brot- und Bierpreise staatlich geneh-
migt werden. Heute sind Preisregulierungen etwa bei Medikamenten üblich.

Der Preis sollte natürlich immer über den **Kosten** liegen, die das Produkt verursacht.
Man wird daher zunächst alle Kosten zusammenrechnen, die mit dem Produkt direkt in

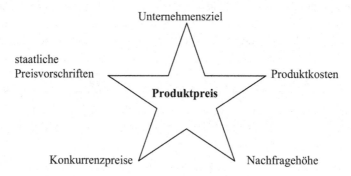

Abb. 3.2 Einflüsse auf den Produktpreis

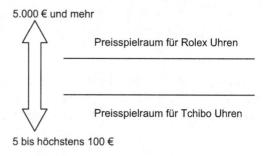

Abb. 3.3 Preisspielraum

Verbindung stehen (Material, Fertigungskosten, Versandkosten). Daneben müssen aber auch noch die indirekt durch das Produkt verursachten Gemeinkosten (Verwaltung, Vorstandsgehälter) durch den Verkaufspreis gedeckt werden. Berücksichtigt man dann noch einen Gewinnzuschlag, dann erhält man den Verkaufspreis. Das Preisbildungsverfahren ist einfach durchzuführen. Es stellt jederzeit sicher, dass die Kosten durch den Verkaufspreis wieder hereinkommen. Die Gefahr besteht darin, dass der errechnete Preis über den Preisen der Wettbewerber liegt.

Ein wirklich kundenorientiertes Unternehmen geht bei seiner Preisfestlegung zunächst von dem am **Markt** erzielbaren Preis aus. Davon werden die Kosten abgezogen. Nur wenn der verbleibende Gewinn die Erwartungen befriedigt, wird das Produkt am Markt angeboten.

Beispiel

Bei Tankstellen ist es häufig zu beobachten, dass ein Unternehmen den Preis verändert und alle anderen folgen ihm. Auch wenn die Automobilhersteller ihre Preise erhöhen, ziehen die anderen in erstaunlich kurzen Abständen nach. Erst in zweiter Linie werden hier die Kosten bei der Preisgestaltung berücksichtigt. Wichtig ist es, sich so zu verhalten wie die **Konkurrenten**.

Im Einzelnen können der konkurrenzorientierten Preisbildung folgende Überlegungen zugrunde gelegt werden:

- **Me-too** (ich auch), wenn das Unternehmen sich mit seinen Preisen an der Branche oder am Marktführer orientiert. Beim schon erwähnten Beispiel der Tankstellen versuchen alle, den Preisabstand zu den Konkurrenten beizubehalten, damit keine Kunden abwandern.
- **Abschöpfungsstrategie**, wenn man keine Wettbewerber hat, werden mit sehr hohen Preisen die Vermögenden „abgeschöpft". Besonders bei neuen oder bei Prestigeprodukten sind Kunden bereit, einen höheren Preis zu bezahlen. Danach werden die Preise verringert, um auch Personen mit geringerem Einkommen zu erreichen. Eine spezielle Art der Abschöpfung ist die **Skimmingstrategie**, wenn zu Beginn des Lebenszyklus nur teurere Varianten, z. B. 8-Zylinder-Fahrzeuge, und erst in den späteren Phasen auch die billigeren Varianten angeboten werden. Die Abschöpfungsstrategie erlaubt höhere Gewinne und führt gerade bei der wichtigen Phase der Produkteinführung zu einem exklusiven Image. Allerdings locken hohe Preise immer auch den Wettbewerb an.
- **Durchdringungsstrategie**. Es geht hier darum, möglichst schnell möglichst hohe Absatzmengen zu erzielen. Es werden daher bei der Produkteinführung möglichst niedrige Preise verlangt. Ziel ist es, einen Teil der Wettbewerber im jeweiligen Markt auszuschalten. Da die Preise vielleicht nicht einmal die Kosten decken, kann diese Strategie zeitweise hohe Verluste verursachen. Langfristig können die Preise dann aber wegen nicht mehr vorhandener Wettbewerber wieder umso stärker erhöht werden.

Die Preishöhe bei den verschiedenen Strategien im Zeitverlauf zeigt Abb. 3.4.

Die **Nachfragemenge** ist grundsätzlich abhängig von der Produktqualität und vom Preis. Es gilt folgende Formel:

Nachfrage = Produktqualität/Produktpreis

Lässt man Qualitätsunterschiede außer Acht, so gilt: Je höher der Preis, desto geringer die Nachfrage. Kostet ein Fahrrad 1.000 €, dann werden davon weniger verkauft als von einem Fahrrad das bei gleicher Qualität nur 500 € kostet. Man spricht hier von der **klassischen Preisabsatzfunktion** (vgl. Abb. 3.5).

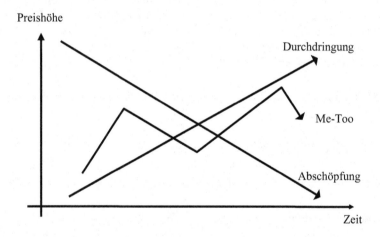

Abb. 3.4 Preisgestaltung im Zeitverlauf

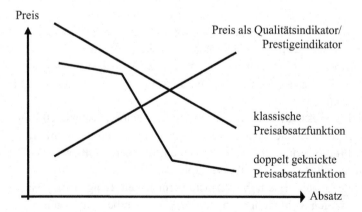

Abb. 3.5 Preisabsatzfunktionen

In Ausnahmefällen kann die Nachfrage jedoch auch mit steigendem Preis zunehmen:

- wenn bei Luxusgütern das mit dem Produkt erworbene Prestige mit dem Preis steigt: Je treuerer eine Uhr ist, desto begehrter ist sie bei den Reichen. Man spricht hier vom **Snob-Effekt.**
- wenn der Kunde bei technischen Gütern (Autos, Stereoanlagen) selbst die Qualität nicht beurteilen kann, vertraut er darauf, dass bei einem höheren Preis auch die Qualität besser sei (**Preis als Qualitätsmaßstab**)

Während sich die Nachfrage bei gewissen Preisspannen kaum ändert (ob das Fahrrad 940 € oder 980 € kostet wirkt sich kaum auf die Absatzmenge aus), reagiert sie recht stark, wenn gewisse **Preisschwellen** überschritten werden. Oft sind diese gleichzusetzen mit optischen Barrieren, z. B. 1.020 € für das Fahrrad statt 999 €. Man spricht hier von der so genannten **doppelt geknickten Preisabsatzfunktion.**

Manche Produkte reagieren stärker auf Preisänderungen (Tankstellen merken das deutlich bei Benzinpreisänderungen) für manche Produkte ist der Preis kaum entscheidend für die Absatzmenge (lebensnotwendige Produkte wie Insulin werden zu jedem Preis gekauft).

Im Allgemeinen **wirkt sich eine Preisänderung umso schwächer aus**, je geringer der Wettbewerb ist. Ein geringerer Wettbewerb liegt vor, wenn

- eine hohe Kundenbindung vorhanden ist (ein BMW-Fan bezahlt auch etwas mehr für „seine" Automarke);
- weniger Ersatzprodukte am Markt sind (Windows-Software wird auch bei höheren Preisen gekauft, da es kaum Alternativen gibt);
- die Kosten im Vergleich zum Gesamtprodukt gering sind (beim Bau eines Atomkraftwerkes interessiert der Preis des Lichtschalters nicht);
- die Produkte ein hohes Prestige haben (die Rolex wird auch gekauft, wenn sie 100 € mehr kostet).

In der Praxis weiß man leider nicht, wie viel mehr man bei einer Preissenkung verkaufen wird. Man orientiert sich daher i. d. R. an den Preisen der Wettbewerbsprodukte (konkurrenzorientierte Preisbildung) und wird dann mit verschiedenen Preisen den erzielten Absatz beobachten.

Es gibt für ein Produkt nicht nur einen überall und jederzeit gültigen Preis. Jeder Mensch ist bereit, für ein Produkt einen anderen Preis zu bezahlen. Folglich müsste man mit jedem Kunden einen **Individualpreis** aushandeln. Dieses vor allem in Entwicklungsländern sowie in Europa z. B. in der Möbel- und Immobilienbranche nicht unübliche Verfahren wird von der Bevölkerung z. T. jedoch als ungerecht empfunden Für einen Massenartikelhersteller ist es zudem kaum durchführbar. Man stelle sich die Diskussionen über den Butterpreis an der Kasse des Lebensmittelhändlers vor.

Wenn nicht für jeden einzelnen, so lassen sich doch für unterschiedliche Gruppen unterschiedliche Preise bilden. Der Fachbegriff hierfür lautet **Preisdifferenzierung.**

Nach dem Differenzierungsmerkmal unterscheidet man die

- **zeitliche** Preisdifferenzierung, z. B. unterschiedliche Preise in der Haupt- und Nebensaison für Flugreisen.
- **abnehmerorientierte** Preisdifferenzierung, z. B. unterschiedliche Preise für Schüler und Studenten an der Kinokasse.
- **mengenorientierte** Preisdifferenzierung, wenn Großabnehmer günstigere Preise erhalten.
- **räumliche** Preisdifferenzierung, wenn die Cola im Frankfurter Bahnhof teuer ist als bei Aldi um die Ecke.

Voraussetzung der Preisdifferenzierung ist eine klare Trennbarkeit der unterschiedlichen Käufergruppen.

3.3.2 Rabatte

▶   *Wofür gibt es Rabatte?*

Für manche Produkte können die verlangten Bruttopreise (das was im Prospekt steht) nicht durchgesetzt werden. Vor allem im gewerblichen Bereich gibt es eine Vielzahl unterschiedlicher **Rabatte** und Boni, die zu einem geringeren Nettopreis (das was tatsächlich gezahlt wird) führen. Rabatte sind Nachlässe, die beim Kauf direkt vom ursprünglichen Verkaufspreis abgezogen werden. **Boni** werden erst am Ende eines Jahres gewährt, wenn man z. B. im vergangenen Jahr eine Mindestmenge gekauft hat. Sie sind wie die Rabatte ein Mittel, um verschiedene Ziele zu erreichen:

- der Abnehmer (z. B. Einzelhändler) soll bestimmte Aufgaben übernehmen, z. B. die Werbung;
- der Abnehmer soll zu bestimmten Zeitpunkten kaufen (z. B. zur Einführung, Saisonrabatte, Aktionsrabatte, in der Auslaufphase);
- der Abnehmer soll bestimmte Mindestmengen kaufen;
- der Abnehmer soll bestimmte Zahlungs- und Liefermodalitäten akzeptieren (z. B. Barzahlung, Selbstabholung).

Rabatte erlauben für einzelne Kunden spezielle Preise, ohne dass die anderen davon erfahren. („Ausnahmsweise kann ich nur Ihnen 20 % Nachlass auf die Einbauküche gewähren, aber erzählen Sie niemandem davon"). Bei Kunden, die weniger hart verhandeln, verlangt man dagegen den vollen Preis.

3.3.3 Finanzierungsangebote

▶   *Welche Finanzierungsformen gibt es?*

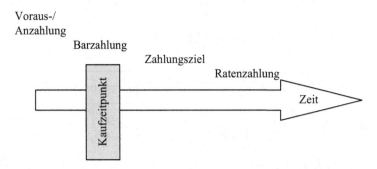

Abb. 3.6 Zahlungskonditionen

Der Verkäufer möchte für die Ware das Geld möglichst früh haben, der Verkäufer möchte es möglichst spät bezahlen. Nur selten gelingt es dem Verkäufer, eine **Vorauszahlung** oder wenigstens eine Anzahlung durchzusetzen. Lediglich bei speziell für den Kunden hergestellten Produkten ist dies üblich.

Selbst die **Barzahlung** bei Erhalt der Ware kann wegen des harten Wettbewerbs immer weniger durchgesetzt werden. Um auch die Kunden zu gewinnen, die zwar sofort kaufen wollen, aber noch nicht zahlen können/wollen, sind die Verkäufer bereit, **Zahlungsziele** einzuräumen. Der Verkäufer gibt dem Käufer gleichsam einen zinslosen Kredit. („Zahlbar innerhalb von 14 Tagen"). Bei der **Ratenzahlung** wird der Kaufpreis in kleinere Beträge aufgeteilt, die über einen längeren Zeitraum zu bezahlen sind. Zum Teil lässt sich der Verkäufer hier jedoch die Zinskosten erstatten, wenn die Summe der Ratenzahlungen über dem Verkaufspreis liegt. Abb. 3.6 liefert einen Überblick über die verschiedenen Zahlungskonditionen.

Bei Investitionsgütern (Maschinen, Häusern) wird Teilzahlung je nach Erstellungsfortschritt vereinbart. Häufig findet sich im gewerblichen Bereich auch das so genannte **Leasing**. Der Kaufpreis wird hierbei in laufende Mietzahlungen umgewandelt.

3.4 Werbung

Mit der Werbung informiert ein Unternehmen über sich und vor allem über seine Produkte und Dienstleistungen. Man unterscheidet die vier Bereiche

- Massenwerbung,
- Persönlicher Verkauf,
- Verkaufsförderung und
- Öffentlichkeitsarbeit.

Grundlage jeder Information ist das bekannte **Sender-Empfänger-Modell** (vgl. Abb. 3.7).

Demnach vermittelt ein Unternehmen – der **Sender** – direkt oder über eine Werbeagentur mittels eines geeigneten **Mediums** (TV, Printmedien, Hörfunk) seine Botschaften an

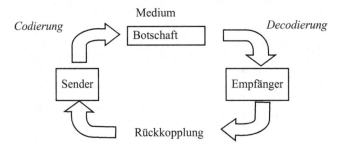

Abb. 3.7 Sender-Empfänger-Modell

den Abnehmer als **Empfänger**. Über Reaktionen des Empfängers (Kauf, Nichtkauf) erfährt der Sender, ob seine Botschaft in der gewünschten Form aufgenommen wurde. Die Aufgabe der Werbung ist es, die beabsichtigte Botschaft (Kaufe mich!) so in Texte oder Bilder umzusetzen, dass sie im gewünschten Sinne verstanden wird.

3.4.1 Massenwerbung

Die Massenwerbung ist sicherlich die häufigste Form der Werbung. Mittels Massenmedien wird eine große Zahl von anonymen Empfängern über das Produktangebot informiert.

Genutzte Massenmedien sind beispielsweise Fernsehwerbung, Anzeigen in Zeitungen und Zeitschriften, sowie Werbung im Radio. Im Gegensatz zum persönlichen Verkauf besteht hier das Problem, dass sich Sender und Empfänger, Werbender und Umworbener nicht sehen können. Er erfährt nur mit einem Zeitverzug, wie seine Informationen angekommen sind.

Der eigentliche **Sender** ist das Unternehmen, welches eine Werbebotschaft verbreiten möchte. Dies kann ein einziges Unternehmen oder aber auch eine Gruppe von Unternehmen sein, die über eine Gemeinschaftswerbung gemeinsame Ziele verfolgt. Das werbende Unternehmen beauftragt i. d. R. eine **Werbeagentur**, die zunächst über die Ziele des Unternehmens (Wir wollen bei 50 % der Bevölkerung Münchens bekannt sein. Wir wollen unseren Umsatz mit unserem Mountainbike um 20 % erhöhen.) informiert wird.

▶   *Wie sage ich es dem Kunden?*

Daraufhin entwickelt die Werbeagentur Umsetzungs- und **Gestaltungsvorschläge**, die dem Auftrag gebenden Unternehmen zur Entscheidung vorgelegt werden. Die Gestaltungsvorschläge sind zunächst nur Skizzen oder Beschreibungen eines Fernsehspots. Erst wenn das Unternehmen mit den Vorschlägen einverstanden ist, erfolgt die manchmal sehr teure Umsetzung in Fotografien oder in Kurzfilmen. Die hohen Herstellungskosten von Werbefilmen stehen jedoch in keinem Verhältnis zu den um ein vielfaches höheren Kosten für Sendezeiten, die dann an die Fernsehsender gezahlt werden.

Über die **Werbebotschaft** soll zunächst die **Aufmerksamkeit** der Umworbenen gewonnen werden. Der Konsument soll dann so sehr von den Eigenschaften des Produktes überzeugt werden, dass er bereit ist, das Produkt zu kaufen und gegebenenfalls einen höheren Preis als für das Wettbewerbsprodukt zu bezahlen.

In der Vergangenheit wurde die Diskussion über die Bedeutung der Werbung geführt. Die Unternehmen vertreten den Standpunkt, dass die Werbung über das Produktangebot informiere und daher eine wichtige Aufgabe in der Gesellschaft habe. Die Kritiker behaupten, dass die Werbung den Verbraucher manipuliere, um ihn **unterschwellig** zu Kaufhandlungen zu verleiten. Insbesondere Kinder als Umworbene können den Bildern kaum widerstehen. Männer werden durch sexistische Darstellungen in Werbeanzeigen angezogen. Extreme Beispiele werden durch den Verband der Werbewirtschaft gerügt (www.zaw.de).

Beispiel

Ein nie bewiesenes Beispiel für unterschwellige Werbung ist der angebliche Versuch in den USA, wo in nicht bewusst wahrzunehmenden kurzfristigen Sequenzen Coca-Cola Bilder in einen Film eingefügt worden sein sollen. Nach dem Film sei der Konsum dieses Getränkes an der Kinokasse signifikant höher gewesen.

Tatsache ist dagegen das negative Werbeergebnis der Reifenfirma Continental, die ihre Reifen zwischen den nackten Beinen einer Frau präsentierte. Es konnten sich wohl überdurchschnittlich viele Leser an die Anzeige mit den Frauenbeinen erinnern, doch den Namen der Reifenfirma hat kaum jemand wahrgenommen (Kroeber-Riel und Gröppel-Klein 2013).

Die große Bedeutung der Werbebotschaft für den Werbeerfolg, die hohen Kosten für die Medien und die Gefahren einer misslungenen Werbekampagne für das Unternehmensimage erfordern eine gründliche Vorgehensweise bei der Gestaltung. Die vom Unternehmen ausgewählten Vorlagen werden daher vor dem Medieneinsatz gründlich auf ihre Wirkung hin überprüft. So lässt sich bei Versuchspersonen mit einem **Blickaufzeichnungsgerät** die Reihenfolge und die Zeitdauer bei der Betrachtung einer Anzeige messen (Continental hätte so feststellen können, dass die Augen der Betrachter an den Frauenbeinen und nicht am Produktnamen hängen bleiben). Über Befragungen wird die **Erinnerungswirkung**, ob und wie lange der Betrachter sich welche Elemente der Anzeige merken konnte, festgehalten. Über tiefenpsychologische Interviews wird versucht, die emotionale Wahrnehmung einer Werbebotschaft zu ermitteln.

Beispiel

Beim internationalen Einsatz einer Werbebotschaft müssen vor allem kulturelle Unterschiede im Sprachgebrauch beachtet werden. Der Pepsi Slogan „Come alive with Pepsi" wurde z. B. in Asien mit „Hole Deine Vorfahren von den Toten zurück mit Pepsi" übersetzt, was den Sinn des Originals verzerrte und auch nicht den erwarteten Erfolg gebracht hat. In die gleiche Richtung geht auch die Frage der Namensgebung. „Schweppes tonic water" musste in Italien in „Schweppes tonica" umgetauft werden, da „il water" auf Italienisch Toilette heißt. Sehr wichtig ist auch, dass man über die

Bedeutung von verschiedenen Symbolen in verschieden Ländern oder Kulturen Bescheid weiß. Der Tiger, der in weiten Teilen der Welt als Symbol für Kraft und Stärke gilt, und mit dem Esso auch sehr erfolgreich wirbt, löst in Ländern wie Thailand oder Indien Furcht und Angst aus.

Die **Werbemedien** lassen sich nach dem Übertragungsmedium einteilen in **Druckmedien** (Zeitungen, Zeitschriften, Prospekte) **und elektronische Medien** (TV, Hörfunk, Internet). Die klassischen Massenmedien, Druckmedien sowie TV und Hörfunk, erlauben nur eine einseitige Information, ohne dass der Empfänger sich direkt äußern kann. **Internet** bietet dagegen die Chance eines Dialogs. Angebote des Unternehmens können direkt gekauft oder kommentiert werden (Kiesel und Ulsamer 2000).

Die Werbung mittels **Direktwerbung (Massenwurfsendungen)** hat den Vorteil der persönlichen Ansprache. Spezialfirmen sammeln aus Telefonbüchern, Kundenkarteien von Versandhäusern und Preisausschreiben Adressen von Privatpersonen und werten diese aus. Ein Werbetreibender kann dann beispielsweise Adressen von Hausfrauen, die Kleider bestellen, kaufen und für seine Wurfsendung nutzen. Die Adressaten der Werbebotschaft lassen sich mit diesem Medium genau eingrenzen. Über Rückantwortkarten, Preisausschreiben und telefonische Nachfrage kann hier auch leichter ein Dialog zum Umworbenen aufgebaut werden.

Die **Auswahl** des zur Übermittlung der Botschaft am besten geeigneten Mediums ist abhängig von

- der **Mediennutzung** der Zielgruppe: Computer-Freaks sind über Internet besser zu erreichen als über Tageszeitungen.
- dem **Produkt**: erklärungsbedürftige Güter eignen sich besser für Druckmedien.
- den **Kosten**: gängig ist hier der Kostenvergleich auf der Basis von 1.000 Kontaktchancen (Leser, Hörer, Zuschauer) = Preis einer Belegung x 1.000/Reichweite.
- der **Auswahlmöglichkeit**: Plakatwände sprechen einen unbekannten Bevölkerungskreis an, Fachzeitschriften erlauben dagegen eine bessere Auswahl der Kontaktchancen.

Als Kontaktchance bzw. **Reichweite** bezeichnet man die Möglichkeit, dass ein Konsument eine Anzeige sieht. Wenn also in einer Tageszeitung eine Anzeige gedruckt wird, hat der Werbende die Zahl der Leser dieser Ausgabe als mögliche Empfänger, unabhängig davon, ob diese die Anzeige überhaupt gesehen haben. Die Unternehmen haben eine gewisse Erfahrung, wie hoch die Zahl der Kontaktchancen sein muss, um einen bestimmten Werbeerfolg zu erzielen. In Abhängigkeit von der Zahl der gewünschten Kontakte muss ein Medium öfters belegt oder mehrere Medien müssen gleichzeitig geschaltet werden (vgl. Abb. 3.8).

Die **Bruttoreichweite** ergibt sich aus der Addition der Reichweiten der verschiedenen Medien. Die Nettoreichweite muss um die Zahl der Mehrfachkontakte bereinigt werden. Mehrfachkontakte entstehen, wenn eine Person mehrere Medien nutzt.

	ein Werbeträger	mehrere Werbeträger
einfache Belegung	einfache Reichweite	addierte Reichweite
mehrfache Belegung	kumulierte Reichweite	kombinierte Reichweite

Abb. 3.8 Reichweiten

Beispiel

Mediennutzung im Großraum Stuttgart
Zahl der Tageszeitungsleser   300.000
Zahl der Fernsehseher   500.000
Zahl der Tageszeitungsleser, die auch Fernsehen sehen   100.000
Bruttoreichweite   300.000 + 500.000 = 800.000

Nettoreichweite   800.000 − 100.000 = 700.000

Wenn ein Unternehmen sowohl im Fernsehen als auch in der Tageszeitung wirbt, hat es wohl 800.000 Kontaktchancen. 100.000 Personen erreicht sie allerdings über zwei Medien, so dass unter dem Strich lediglich 700.000 unterschiedliche Personen übrig bleiben.

Die Reichweite ist nicht identisch mit der vom ivw kontrollierten **Auflagenzahl** einer Zeitschrift. Entscheidend ist, wie viele Personen in einer Zeiteinheit mit einem Medium in Kontakt kommen. Für Zeitschriften, die auch in Wartesälen ausliegen, wird ein Vielfaches der Auflagenzahl erreicht. Die Reichweite gibt jedoch nicht an, ob der Leser tatsächlich auch die Anzeige wahrgenommen hat (www.ivw.de).

Im Medium Fernsehen steht die **Einschaltquote** für die Reichweite. Die Einschaltquote (welcher Prozentsatz der Zuschauer zu einem bestimmten Zeitpunkt ein bestimmtes Programm sieht) wird bei einer repräsentativen Stichprobe durch ein elektronisches Gerät am Fernseher gemessen und an ein Marktforschungsunternehmen, z. B. der Arbeitsgemeinschaft Fernsehforschung übermittelt (www.agf.de).

Der **Empfänger** der Werbebotschaft ist der Konsument, der das Produkt kaufen soll. Die Zielgruppe eines Produktes sollte möglichst deckungsgleich mit den Lesern einer Zeitschrift sein. Interessenten, die die Zeitschrift nicht lesen, können durch andere Medien erreicht werden. Leser, die keine Interessenten sind, stellen einen Streuverlust dar (vgl. Abb. 3.9).

Aus Befragungen kennt man sehr genau die Nutzerstruktur der verschiedenen Medien. Wenn Anzeigenkunden geworben werden, wird mit diesen Ergebnissen argumentiert.

Beispiel

Die Zielgruppe „Frauen, die ungesüßten Naturjoghurt ohne Fruchtzusatz bevorzugen" besteht aus 4,67 Mio. Frauen. Die „Bild am Sonntag" wird von 400.000 Frauen gelesen, die diese Geschmacksrichtung bevorzugen. Mit einer Anzeige in diesem Massenmedium erreiche ich also knapp 10 % meiner Zielgruppe. Die restlichen 4,27 Mio. müssen über andere Medien erreicht werden. Die nicht zur Zielgruppe gehörenden Leser der „Bild am Sonntag" gelten bei einer Anzeigenschaltung als Streuverlust.

Abb. 3.9 Streuverluste

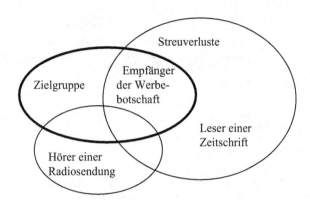

3.4.2   Persönlicher Verkauf

Der Persönliche Verkauf ist durch den direkten Kontakt der Verkaufsperson mit dem Kunden gekennzeichnet. Der persönliche Verkauf hat den Vorteil, dass **individuell** auf die Bedürfnisse des Interessenten eingegangen werden kann. Er ist allerdings sehr personal- und damit kostenaufwendig. Er wird daher vorwiegend eingesetzt bei

- hochwertigen Gütern (Luxusbedarf, Investitionsgüter),
- nicht vorhandenen Medien,
- erklärungsbedürftigen Gütern.

▶   *Wann und wie spreche ich den Kunden direkt an?*

Grundsätzlich ist der Persönliche Verkauf **wirkungsvoller** als die Massenwerbung. Der Erfolg ist jedoch ganz entscheidend abhängig von der Ausbildung und der Einstellung des Verkaufspersonals. Je nach rechtlicher Stellung des Verkäufers kann man unterscheiden zwischen

- dem angestellten **Innendienstverkäufer**,
- dem im Außendienst angestellten **Handelsreisenden** und
- dem selbstständigen **Handelsvertreter**.

Eine Unterscheidung nach der Tätigkeit reicht vom mehr **passiven** Auslieferer über den beratenden Verkaufsingenieur bis zum Klinkenputzer, der unverlangt versucht, Produkte an den Mann zu bringen.

Jeder Verkäufer vertritt im direkten **Kundenkontakt** das Unternehmen nach außen und nimmt gleichzeitig Stimmungen des Marktes direkt wahr. Diese herausragende Bedeutung erfordert eine besonders sorgfältige **Auswahl**.

Geeignet sind Bewerber, die sympathisch auf ihre Umgebung wirken, die aktiv auf Menschen zugehen können, ein großes Selbstvertrauen haben und sehr motiviert sind. Die

Praxis zeigt allerdings, dass es auch hervorragende Verkäufer gibt, die diese Kriterien kaum erfüllen. Erschwerend bei der Suche nach geeigneten Verkäufern ist das **geringe Image** des Verkaufens. Verkäufer gelten als die Nachfolger der Pferdehändler, die nur an den eigenen Gewinn denken und dabei die Interessen der Kunden vernachlässigen. Das gilt besonders in Deutschland, obwohl die Unternehmen zunehmend eine Verkaufstätigkeit als Einstieg auch für Führungspositionen durchaus fördern und mit hohen Leistungsprämien locken.

Das ausgewählte Verkaufspersonal muss zunächst **geschult** werden. Inhalte sollten sein:

- **Produktkenntnis**: Der Verkäufer muss gegenüber dem Kunden als kompetenter Fachmann auftreten. Dabei geht es weniger um „Schräubchenkunde" als um die klare Darlegung der Produktvorteile.
- **Unternehmenskenntnis**: Der Verkäufer muss das Unternehmen nach außen vertreten, er muss sich mit ihm identifizieren, er muss Unternehmensentscheidungen vertreten können.
- **Kundenkenntnis**: Das Wissen um Kundentypen, deren Verhaltensweisen, deren Gedanken, ist eine Voraussetzung für ein erfolgreiches Verkaufsgespräch.
- **Branchenkenntnis**: Er muss die Wettbewerber, deren Produkte und deren Argumentationsweise kennen.

Um das Verkaufspersonal möglichst wirkungsvoll einzusetzen, werden die Arbeitsinhalte des Verkäufers genau vorgegeben. Die bekannten Kunden müssen, je nach Bedeutung, in unterschiedlicher **Häufigkeit** aufgesucht werden, ein gewisser Zeitanteil muss für die Gewinnung von Neukunden aufgebracht werden, und schließlich wird auch die Nachbereitung der Verkaufsgespräche erwartet.

Beispiel

Ein Hilfsmittel für den Verkauf und gleichzeitig ein Steuerungsinstrument ist das Tablet. Es enthält alle relevanten Produkt- und Kundeninformationen, stellt Auftragsformulare bereit, erstellt einen Terminkalender für die regelmäßig anstehenden Kundenkontakte, und es nimmt schließlich die Besuchsberichte der Verkäufer auf. Durch den Datenaustausch mit einem zentralen Rechner können die erstellten Aufträge schnell weitergegeben und die Besuchsberichte ausgewertet werden. Mercedes-Benz hat hierfür das MBKS (Mercedes-Benz Kundenberatungssystem) entwickelt.

Am wichtigsten beim Persönlichen Verkauf ist das **Verkaufsgespräch**. Es kann in folgende Schritte unterteilt werden:

- **Kundensuche**: Von großer Bedeutung sind natürlich die derzeitigen Kunden. Wer einmal gekauft hat, kauft häufig immer wieder. Schwieriger ist die Suche nach Neukunden. Über Weiterempfehlungen, Kontaktpflege im öffentlichen Leben, durch systematische Suche oder aber durch das „Gespür" des Verkäufers können neue Kontakte entstehen.

- **Kontaktaufnahme**: Sie wird vorbereitet durch das Sammeln von Informationen über den Kunden. Name, Vorname, Titel muss der Verkäufer kennen. Persönliche Vorlieben oder bisherige Produkterfahrungen können Ansatzpunkte für einen ersten telefonischen oder persönlichen Kontakt ergeben.
- **Verkaufsgespräch**: Der Verkäufer versucht, das Gespräch von der ersten Aufmerksamkeit bis zum eigentlichen Abschluss zu entwickeln. Wichtig ist es hierbei, ständig auf die Vorteile des Produktes hinzuweisen, Einwände zu entkräften und beim Kunden das Gefühl zu hinterlassen, die richtige Entscheidung getroffen zu haben.
- **Nachbetreuung**: Nach dem Kauf können beim Kunden Zweifel auftreten, ob er die richtige Entscheidung getroffen hat. Es entstehen so genannte kognitive Dissonanzen. Er sucht nach Argumenten, um seine Entscheidung zu bestätigen. Durch wiederholte Kontaktaufnahme, Nachfrage nach der Zufriedenheit etc. kann der Verkäufer die Zweifel abbauen und sich einen Kunden für Folgeaufträge sichern.

Der Hersteller muss beim Käufermarkt meistens zum Kunden kommen. Das verlangt eine zentrale Verkaufsabteilung und räumlich gestreute Verkaufslokale als Orte der Warenpräsentation und des Kundenkontaktes. Dazu müssen Verkäufer im Innendienst, die im Verkaufslokal die Kunden bedienen, oder die über Telefon verkaufen, sowie die Verkäufer im Außendienst, die den Kunden aufsuchen, eingestellt werden.

Die **optimale Größe** einer Verkaufsorganisation ist abhängig von

- der Zahl der bereits vorhandenen Kunden,
- der Zahl der neu zu werbenden Kunden. Um einen neuen Kunden zu werben, müssen mehrere potenzielle Kunden u. U. öfters aufgesucht werden,
- der Besuchshäufigkeit, die wiederum von der Bedeutung des Kunden abhängig ist,
- der durchschnittlichen Tagesbesuchsrate eines Verkäufers, die von der regionalen Verteilung der Kunden und der Dauer eines Besuches bestimmt wird.

Mit diesen Daten lässt sich die erforderliche Anzahl der Außendienstmitarbeiter errechnen:

$$\text{Zahl der Außendienstmitarbeiter} = \frac{\text{Zahl der Kunden} \cdot \text{Besuchsfrequenz}}{\text{Tagesbesuchsrate} \cdot \text{Zahl der Arbeitstage}}$$

Beispiel

6.000 direkte Kunden sollen im Jahr durchschnittlich 4-mal besucht werden. Ein Verkäufer schafft pro Tag ungefähr 3 Kundenbesuche. Wie viele Außendienstverkäufer müssen eingestellt werden?

$$\text{Zahl der Außendienstmitarbeiter} = \frac{6.000 \cdot 4 \, \text{Besuche pro Jahr}}{3 \, \text{Besuche pro Tag} \cdot 240} = 33 \, \text{Verkäufer}$$

Für die **Gliederung** der Verkaufsorganisation bieten sich verschiedene Gliederungsmöglichkeiten an:

Eine Gliederung der Verkaufsorganisation nach **Gebieten** (regionale Strukturierung) bietet sich dann an, wenn ein Verkäufer das gesamte Produktangebot vertreten kann. Jeder Verkäufer erhält hier alleine ein Gebiet, für das er ausschließlich verantwortlich ist. Mehrere Gebiete können zu einem Verkaufsbezirk zusammengefasst werden. Vorteile einer derartigen Gliederung sind die vergleichsweise niedrigen Reisekosten, die räumliche/kulturelle Bindung des Verkäufers mit seinem Gebiet, und die personenbezogene Verantwortung (Kiesel 2016).

Eine Gliederung des Verkaufs nach **Produkten** oder Produktgruppen ist bei komplexen, erklärungsbedürftigen Artikeln vorzuziehen. Der Verkäufer kann sich mehr spezialisieren und konkreter auf die Anforderungen seiner Kunden eingehen.

Die Vorzüge eines Vertrauensverhältnisses zwischen Kunde und Verkäufer sprechen für eine **kundenbezogene Strukturierung**. Ein Kunde wünscht, egal wo und egal für welche Produkte, die Betreuung durch die gleiche Person. Der Verkäufer kennt die Besonderheiten des Kunden und kann so individueller reagieren. Für bedeutende Kunden, so genannte **Key-Accounts**, wird ein eigenes Verkaufsteam installiert.

Eine **Verbindung** der vorgenannten Strukturierungen ist bei Mehrproduktunternehmen, die einen großen, regional gestreuten Abnehmerkreis bedienen, die Regel. Man gliedert hier beispielsweise zunächst nach Regionen und in jeder Region nochmals nach Produkten.

3.4.3 Verkaufsförderung

Zur Verkaufsförderung (Promotion) gehören alle Maßnahmen, die den Verkauf fördern. Nach den Adressaten der Verkaufsförderungsmaßnahmen hat sich eine Dreiteilung in Verbraucher-, Händler- und Außendienstpromotion durchgesetzt.

Verbraucherpromotion
Durch die Übersättigung bei der klassischen Werbung kommt den vielfältigen, kreativen Maßnahmen eine besondere **Bedeutung** zu.

Üblich sind

- die Verteilung von Gratisproben (Zigaretten, Parfum);
- die Kaufanreize über sammel- und eintauschbare Punkte pro gekauftem Artikel;
- Preisausschreiben;
- Zugaben.

Nach dem Wegfall gesetzlicher Regelungen wie der Zugabenverordnung, und dem Rabattgesetz entstand eine Vielzahl von Maßnahmen, um den Kunden über Payback-Karten, Treuepunkte, Zusatzgeschenke zum Kauf anzuregen. Tatsächlich gelingt es, vom Preis abzulenken und spontan zu eine Bestellung anzuregen, nur weil die ersten 100 Besteller eine Kaffemaschine erhalten.

Händlerpromotion

Der Einsatz der Händler ist entscheidend für den Verkaufserfolg. Nur wenn er vom Produkt überzeugt ist, kann er auch den Kunden überzeugen. Es liegt daher eine besondere **Motivation** dieses Kreises auf der Hand. Zielsetzung des Herstellers ist es, beim Einzelhändler Regalplätze einzunehmen, gegenüber dem Wettbewerber bei den Standplätzen für die Warenpräsentation bevorzugt zu werden. Dafür werden Funktionsrabatte gewährt, Gratisproben verteilt, Präsentationsstände zur Verfügung gestellt, Werbekostenzuschüsse gewährt u. v. a. m. Die klassische Belohnung der besten Händler durch Geld- und Sachprämien gewinnt durch die Formen des **Event-Marketing** (Erlebnismarketing) besondere Bedeutung. Gemeinsame außergewöhnliche Reisen, kulturelle Veranstaltungen etc. fördern darüber hinaus das Gemeinschaftsgefühl aller am Verkauf Beteiligten.

Der Handel hat sich mittlerweile an die Unterstützung durch die Hersteller gewöhnt und plant sie entsprechend ein. Vom Hersteller wird nun erwartet, dass er die Handelswerbung mitfinanziert, dass er selbstständig die Regale bestückt etc. Die **Nachfragemacht des Handels** führt zu weiteren Konflikten. Während der Hersteller die Nachfrage auf sein Produkt lenken will, ist der Händler am Kundenkontakt interessiert. Er verkauft bei gleicher Marge und Menge ebenso gerne das Wettbewerbsprodukt.

Außendienstpromotion

Auch die Motivation des Außendienstes kann über den Erfolg entscheiden. Neben der Bezahlung können daher **Sachprämien** für erfolgreiches Verhalten eingesetzt werden. Beispiele sind Verkaufswettbewerbe mit Auszeichnungen, Sonderurlaub etc. Die Überlassung von Werbegeschenken mit dem Namen des Gebers hilft beim Kontaktaufbau.

Zur Außendienstpromotion gehören im weitesten Sinne auch die Beteiligung an **Messen und Ausstellungen**.

Bei der Auswahl der möglichen Beteiligungen sind zu beachten:

- Kosten,
- Zahl und Art der Besucher,
- Zahl und Art der Wettbewerber,
- Messetyp (Fachmesse, Verkaufsmesse).

3.4.4   Öffentlichkeitsarbeit

▶   *Welche Maßnahmen beinhaltet die Öffentlichkeitsarbeit?*

Die Maßnahmen der Öffentlichkeitsarbeit (Public Relations) haben die Darstellung des Unternehmens als Ganzes zum Inhalt. Adressat ist die **Öffentlichkeit**, die das Unternehmen bei der Umsetzung seiner Ziele behindern oder aber unterstützen kann. Es ist daher erforderlich, für das Gesamtunternehmen gute Beziehungen zur Presse und zu den politischen Entscheidungsträgern aufzubauen, um seine Interessen durchsetzen zu können.

Voraussetzung für eine erfolgreiche Unternehmenskampagne ist zunächst die **Untersuchung des Unternehmensbildes** (Images) in der Öffentlichkeit. Bei einer internationalen

Unternehmung kann sich das Unternehmensbild in den einzelnen Ländern ganz erheblich unterscheiden, da das Unternehmen i. d. R. mit dem Image seines Heimatlandes und mit seinen Aktionen im Gastland verbunden ist. Im Gegensatz zum nationalen Unternehmen, welches in vielfältiger Weise von der Öffentlichkeit wahrgenommen wird, nimmt die Öffentlichkeit der Gastländer das Unternehmen nur am Rande zur Kenntnis.

Beispiel
VW beispielsweise wurde in den USA immer noch mit dem Käfer in Verbindung gebracht, die Softwaremanipulation „Lustreisen" nach Brasilien warf ein sehr schlechtes Bild auf den Konzern. In Spanien orientiert sich das Bild an den Maßnahmen bei Seat, in Italien ist das die freudlose teutonische Marke und in Deutschland der Marktführer mit sozialer Verantwortung. Die angebotenen Produkte sind in allen Ländern die gleichen. Es gilt daher, unter unterschiedlichen Voraussetzungen ein passendes Bild des Unternehmens aufzubauen.

Die **Instrumente** der PR sind sehr vielfältig:

- Auf der Basis einer guten Pressebeziehung wird versucht, unternehmensbezogene Themen von allgemeinem Interesse in Tageszeitungen und Magazinen als **redaktionelle Beiträge** unterzubringen. Derartige Artikel genießen als „unabhängige" Berichte eine höhere Glaubwürdigkeit und kosten zudem nichts. Daneben besteht die Möglichkeit, über unternehmenseigene Kundenmagazine, Geschäftsberichte u. ä. die Öffentlichkeit zu informieren. Häufig werden Führungskräfte als Experten zu wirtschaftspolitischen Themen als Referenten geladen und können dann wie bei Interviews auch die Belange des Unternehmens vertreten.
- Als Ausrichter und Sponsor von produktbezogenen **Veranstaltungen** wird für die Presse ein erhöhter Anreiz zur Berichterstattung geboten. Die Zielgruppe kann hier auch direkt angesprochen werden. Beispiele sind Ärztesymposien von Pharmaunternehmen, Fahrveranstaltungen für Innovationen im Automobil und ähnliches.
- Beim **Sponsoring** werden produkt- und unternehmensunabhängige Veranstaltungen gefördert. Breiten Raum nimmt hier das Sportsponsoring ein, wo Einzelsportler, Mannschaften, aber auch Organisationen (DFB, IOC) und Veranstaltungen (Golfturnier) gefördert werden. Zu nennen wäre auch das **Kultursponsoring**. Die Wirksamkeit derartiger Maßnahmen ist sehr umstritten. Erfolgsgrößen sind die Medienkontakte, die jedoch noch nichts über die Aufnahme der Botschaft aussagen. Als Argument für das Sponsoring wird auch die soziale Verantwortung eines Unternehmens in Betracht gezogen.

3.5 Vertrieb

Über den Vertrieb gelangen die Produkte vom Hersteller zum Käufer. Die Vertriebsaufgabe wird oft ausschließlich von darauf spezialisierten Handelsbetrieben übernommen. Da sie selbst nichts herstellen, wurden sie in der Vergangenheit häufig **kritisiert**. Ohne große Risiken für Produktionsanlagen wird alleine durch die Weitervermittlung von Gütern auf Kosten der Konsumenten Geld verdient.

Zum einen zeigen die Betriebsergebnisse von Handelsbetrieben sehr geringe Gewinne. Der Konkurrenzdruck ist offensichtlich so hoch, dass mit dem Handel vergleichsweise wenig zu verdienen ist. Zum anderen erfüllt der Handel durchaus wichtige Aufgaben in einer Volkswirtschaft, man spricht hier von den so genannten **Handelsfunktionen**:

- **Zeitlicher Ausgleich**: Die Waren werden zum Teil erst lange nach der Produktion auch verkauft. In der Zwischenzeit lagert der Handel die Waren.
- **Räumlicher Ausgleich**: Die Waren werden oft weit entfernt vom Ort der Herstellung gekauft. Der Handel übernimmt den Transport bis zum Kunden.
- **Mengenmäßiger Ausgleich**: Der Hersteller stellt große Mengen eines Produktes her, der Kunde möchte aber viele verschiedene Modelle zur Auswahl haben. Der Handel stellt ein entsprechendes Sortiment zusammen.
- **Qualitativer Ausgleich**: Die Produkte verlassen die Fabrik zum Teil in unfertigem Zustand. Die Pedale eines Fahrrades sind noch nicht angeschraubt, das Lenkgestänge ist zum besseren Transport umgeklappt u. s. w. Der Handel richtet die Produkte gebrauchsfähig her.

3.5.1 Wahl der Absatzwege

▶ *Welche Absatzwege stehen zur Verfügung, wie wird der Beste ausgewählt?*

> Der Absatzweg beschreibt die Stationen, die ein Produkt vom Hersteller bis zum Kunden durchläuft.

Entscheidungen über die Wahl des Absatzweges können nicht unabhängig von den übrigen Marketingmaßnahmen gesehen werden. Teure Produkte müssen über exklusive Läden verkauft werden, dafür entstehen wiederum höhere Kosten, der Werbeaufwand ist höher. Mit der Entscheidung über den Absatzweg legt sich der Hersteller langfristig fest. Der Aufbau kann Jahre dauern, über Verträge und Investitionen erfolgt eine langfristige Bindung. Vertriebswegentscheidungen erfordern daher eine sorgfältige Planung.

Es stellt sich zunächst die grundsätzliche Frage, ob der Vertrieb über **eigene** Organe oder über Handelsmittler abgewickelt wird. Als betriebseigene Organe gelten

- **Verkaufsabteilungen**, die die Waren telefonisch von einer Zentrale aus verkaufen
- **Reisende**, die zum Kunden hingehen
- **Niederlassungen** mit festen Verkaufslokalen.

Werden über die gesamte Vertriebskette von der Produktion bis zum Endverbraucher nur betriebseigene Organe eingeschaltet, dann spricht man vom **direkten Vertrieb**. Da der Hersteller hierfür eigene Verkaufslokale und Verkäufer benötigt, ist er sehr teuer, aber man hat alleine das Sagen. In der Praxis existieren nur wenige Beispiele (Avon, Amway, Investitionsgüterhersteller) (www.amway.de).

Zur Kosteneinsparung besteht auch die Möglichkeit, sich zu einem **Gemeinschaftsvertrieb** zusammenzuschließen. Fluggesellschaften tun sich zusammen, um gemeinsam Vertriebsbüros zu errichten, kleinere Automarken werden gemeinsam in Autohäusern angeboten. Wegen des erforderlichen Abstimmungsaufwandes und der Wettbewerbsbeziehungen ist der Gemeinschaftsvertrieb jedoch nur selten zu finden.

Die hohen Kosten und der hohe Personalaufwand für einen flächendeckenden Vertrieb überfordern bei Konsumgütern häufig den Hersteller. In der Regel werden daher **Händler** eingeschaltet, man spricht dann vom **indirekten Vertrieb**. Als mögliche **Formen** des Handels sind zu nennen:

- **Handelsbetriebe**, die auf eigenem Namen und auf eigene Rechnung handeln. Sie kaufen die Waren vom Hersteller und verkaufen sie in ihrem Laden.
- **Handelsvertreter**, die auf fremden Namen und fremde Rechnung handeln und dafür eine Provision und evtl. ein Fixum erhalten. Sie handeln z. B. im Auftrag eines Investitionsgüterherstellers, ohne dass sie selbst die Waren übernehmen.
- **Kommissionäre**, die auf eigenen Namen, aber auf fremde Rechnung handeln. Sie haben ein eigenes Verkaufslokal, die Ware ist allerdings bis zum Verkauf im Eigentum des Herstellers.
- **Makler**, die auf fremden Namen und auf fremde Rechnung für eine Courtage vermittelnd tätig werden. Sie haben eine große Bedeutung in den Handelszentren und vor allem bei der Vermittlung von Naturrohstoffen. Sie vertreten sowohl die Interessen des Käufers als auch des Verkäufers.

Je nachdem ob die Ware in größeren Mengen an weitere Händler oder direkt an den Endkunden verkauft wird, unterscheidet man den **Groß- und Einzelhandel**.

Nach dem **Ort des Kundenkontaktes** unterscheidet man zwischen

- **Residenzhandel**: der Kunde kommt zum Verkäufer (Ladengeschäft),
- **Ambulanzhandel**: der Verkäufer kommt zu Kunden (AVON-Beraterin) und
- **Distanzhandel**: Käufer und Verkäufer sehen sich nicht direkt (Versandhandel, Handel über Internet).

Für die Wahl des besten Vertriebsweges muss eine Vielzahl von Punkten berücksichtigt werden:

Produkt
Erklärungsbedürftige Produkte (Investitionsgüter) sprechen für einen Direktvertrieb, da der Hersteller die Produkte am besten kennt. Auch bei nicht lagerfähigen (Frischfisch) und schwer transportierbaren (Fertighaus) Gütern wird man den Direktvertrieb vorziehen.

Kauft der Kunde dagegen häufiger verschiedene Produkte in einem Laden, kann der Einzelhandel vor Ort die Vertriebsaufgabe besser erfüllen.

Konsumenten

Hat es ein Hersteller mit einer geringen Zahl von Abnehmern zu tun, kann er selbst die Distribution übernehmen oder Händler einschalten. Haben die Konsumenten einen geringen Bedarf, der zudem noch über große Gebiete verstreut ist (Angelhaken), bietet sich der Distanzhandel an. Haben die Kunden einen hohen individuellen Betreuungsaufwand, eignen sich Vertreter im Ambulanzhandel.

Wettbewerbsintensität

Bei einem geringen Wettbewerb kann man den Kunden größere Wege zumuten, die Gestaltung der Verkaufslokale ist von untergeordneter Bedeutung. Der Kunde hat ja kaum Vergleichs- und Auswahlmöglichkeiten. Bei hartem Wettbewerb müssen die Absatzwege an den Konkurrenten ausgerichtet werden, oder man unterscheidet sich durch eine gänzlich andere Gestaltung bewusst von ihnen.

Markteinführungsdauer

Neue Erfindungen müssen weltweit sehr schnell eingeführt werden, um als entsprechender Standard anerkannt zu werden. Nur wer als erster Inline Skates vertreibt, kann sich auch einen Namen machen. Handelsbetriebe sind wegen ihrer Spezialisierung hier oft besser geeignet als Verkaufsorgane des Herstellers.

Hersteller

Die Größe eines Herstellers, seine finanziellen Mittel und evtl. seine internationale Erfahrung entscheiden, ob ein Direktvertrieb machbar ist. Stellt er nur wenige Produkte her, so ist eine Zusammenfassung im Großhandel empfehlenswert.

Risiko und Kontrolle

Je weniger Absatzmittler eingesetzt werden, desto größer ist die Kundennähe, desto teurer wird der Vertrieb allerdings auch für den Hersteller, desto höher ist sein Risiko. Andererseits erlaubt nur der Direktvertrieb oder der Vertrieb über wenige Handelsstufen bessere Steuerungsmöglichkeiten, eine eigenständige Marketingpolitik und eine geringere Abhängigkeit von Dritten.

Die vielfältigen Kriterien führen dazu, dass nicht ein einziger Vertriebsweg die besten Voraussetzungen bietet. Man wird daher mehrere Vertriebswege miteinander verbinden. Man spricht bei der gleichzeitigen Nutzung verschiedener Vertriebskanäle auch vom **mehrgleisigen Vertrieb**.

Damit sind jedoch auch Spannungen zwischen den einzelnen Vertriebskanälen vorprogrammiert. Wenn Boss im Direktvertrieb seine Kollektion als Fabrikverkauf günstiger anbietet, dann ruft dies die Proteste der exklusiven Fachgeschäfte hervor, die viel Geld in ihre Verkaufsraumgestaltung investieren müssen.

Weltweit einheitliche Absatzwege (one product one channel) sind i. d. R. nicht möglich, da national sehr unterschiedliche Absatzkanäle bestehen. In Japan existieren bis zu sieben Vertriebsstufen, wohingegen in den USA Großhändler auch direkt an Endkunden verkaufen.

3.5.2 Vertriebslogistik

Während die Wahl der Absatzkanäle langfristig ausgerichtet ist, muss die Logistik jeden Tag neu gewährleistet werden. Es gilt dafür zu sorgen, dass **das richtige Produkt zur richtigen Zeit in der richtigen Menge in den richtigen Absatzmarkt gelangt.** Die im Rahmen des Marketing zu betrachtende Vertriebslogistik zwischen Hersteller, Händler und Abnehmer verfolgt als Zielsetzung einen möglichst hohen **Lieferservice,** der sich wiederum zusammensetzt aus den Elementen:

- Lieferbereitschaft,
- Lieferzeit und
- Lieferzuverlässigkeit.

Die **Lieferbereitschaft** sagt aus, ob das Unternehmen in der Lage ist, das gewünschte Produkt in einer angemessenen Zeit zu liefern.

$$\text{Lieferbereitschaft} = \frac{\text{Zahl der fristgerechten Auslieferungen}}{\text{Zahl der Bestellungen}}$$

Der Wert ist am besten bei 1,0, wenn alle Artikel in so großen Beständen in jedem Lager bevorratet werden, dass auch eine große Nachfrage nach einem speziellen Artikel keinen Engpass auslöst. Aus Kostengründen wird man jedoch versuchen, die Bestände möglichst gering zu halten. Zur Optimierung von Kundenzufriedenheit und Lagerkosten bedient man sich einer **ABC-Analyse.** In einer groben Einteilungen können A-Güter, auf die 75 % der Bestellungen entfallen, in jedem dezentralen Lager vorgehalten werden, B-Güter mit 20 % des Umsatzes befinden sich nur in den regionalen Zentrallägern, und C-Güter mit 5 % Umsatzanteil werden erst auf Anfrage produziert oder befinden sich nur in einem weltweiten Zentrallager.

Die **Lieferzeit** umfasst den Zeitraum von der Bestellung der Waren bis zur Auslieferung. Sie beinhaltet den Zeitraum für die gesamte Auftragserstellung, −übermittlung und -bearbeitung sowie die Tätigkeiten der Lieferungszusammenstellung und des Transports. Eine kurze Lieferzeit ist ein Wettbewerbsvorteil. Spontane Käufe sind nur bei einer kurzen Lieferzeit möglich. Da auf der anderen Seite eine kurze Lieferzeit infolge teurer Transportmittel (Flugzeug) und höherer Lagerhaltungskosten auch höhere Kosten verursacht, muss man einen Zwischenweg suchen.

Die **Lieferzuverlässigkeit** gibt Aufschluss über die Einhaltung der Kundenerwartungen oder vertraglicher Absprachen.

$$\text{Lieferzuverlässigkeit} = \frac{\text{reklamationsfreie Lieferungen}}{\text{Lieferungen}}$$

Je mehr der Wert die Bestmarke von 1,0 unterschreitet, desto unzufriedener sind die Kunden, desto höher die Wahrscheinlichkeit, dass sie sich bei Folgekäufen an einen anderen Händler/Hersteller wenden. Eine geringere Lieferzuverlässigkeit führt auch zu höheren Auftragskosten, da Reklamationen nachgegangen werden muss. Der normale Betriebsablauf wird dadurch unterbrochen.

Die Vertriebslogistik wird geprägt durch den **Informationsfluss** und den gegenläufigen oder begleitenden **Warenfluss** (vgl. Abb. 3.10). Dementsprechend ist zu unterscheiden zwischen der Waren- und der Informationslogistik.

Informationslogistik
Eine Lieferung wird i. d. R. durch eine Bestellung ausgelöst. Sie wiederum erfolgt, wenn ein Bedarf auftritt, oder bei gleichmäßigem Verbrauch, wenn eine gewisse Mindestmenge erreicht wird. Moderne Logistiksysteme erfassen die Verkaufsmenge im Einzelhandel über Scannerkassen und übermitteln sie direkt an den Hersteller. Er ist damit jederzeit über die Nachfrage informiert und kann von sich aus rechtzeitig Lieferungen vornehmen.

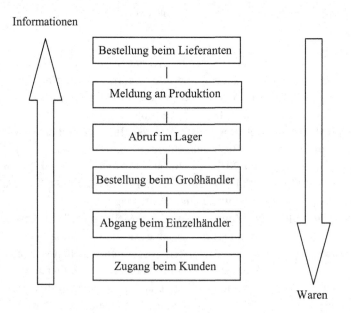

Abb. 3.10 Gegenläufiger Informations- und Warenfluss

Im Herstellerunternehmen können die Verkaufsdaten direkt in die Produktionslogistik und von dort aus wieder in die eigene Beschaffungslogistik als Bestellungen an den Lieferanten eingehen. Durch die Verknüpfung der gesamten Logistikkette kann eine relativ genaue, kurzfristige Disposition erfolgen.

Warenlogistik
Da der Zeitpunkt und der Ort des Verbrauchs auseinander liegen, müssen Güter gelagert und transportiert werden. Im Rahmen der Lagerhaltung gilt es, die optimale Zahl, Ausstattung und Standorte der **Lager** in Abhängigkeit vom angestrebten Lieferservice zu bestimmen (Kotler 2005).

Die Auswahl der **Transportmittel** erfolgt je nach Entfernung, Transportmitteln (Schiff, Flugzeug) und Produkt (Preis, Maße, Gewichte, Haltbarkeit). Auch hier stehen die Kosten der Transportmittel den Anforderungen des Lieferservices gegenüber.

Zwischen Lagerhaltung und Transport liegt der Aufgabenbereich der **Kommissionierung**, d. h. der Zusammenstellung, Verpackung und Fakturierung der Bestellungen. Moderne Kommissionierungssysteme bedienen sich hierfür computergesteuerter Entnahmesysteme. Zum Teil müssen bei der Kommissionierung auch veredelnde Tätigkeiten, wie zusätzliche Aufdrucke oder das Entwachsen der Fahrzeuge, vorgenommen werden.

3.6 Beispiel

Als studiertem Techniker sind Mike Flitzer einige erfolgreiche Erfindungen gelungen, mit dem sich die Marke Flitzer einen guten Ruf erwerben konnte. Trotz des höheren Preises im Vergleich zu den asiatischen Wettbewerbern konnte dadurch ein Marktanteil von 12 % erzielt werden. Die Händler klagen zunehmend, dass sich der hohe Preis immer weniger mit der zugegebenermaßen besseren Technik rechtfertigen lässt. Zudem hat man für Jugendliche kein passendes Fahrrad im Sortiment.

Die Geschäftsleitung entschließt sich daher, die neu geschaffene Stelle der Marketingleitung mit dem jungen Werbekaufmann Felix Großmaul zu besetzen. Seine Aufgaben sind:

- Vorschläge für ein marktgerechtes Produktangebot zu entwickeln. Insbesondere für Jugendliche sollen geeignete Fahrräder in das Sortiment aufgenommen werden.
- Neuordnung des Preisgefüges unter Berücksichtigung des Wettbewerbs und der Kundenerwartungen.
- Entwurf einer Werbekampagne mit dem Ziel, der Marke ein jüngeres Image zuzuordnen.
- Auswahl geeigneter Händler.

Nach zwei Wochen stellt Herr Großmaul folgendes Marketing-Konzept vor:

Produkt
- Jugendbike „Free Yourself".
- Objektive Qualitätsfaktoren: Alu Rahmen, 24 Gang, Größen: „17,19".

- Subjektive Qualitätsfaktoren: Hochwertige Sport-Komponenten, Metallic-Lackierung mit Schriftzug „Jan Ullrich".
- Top-Modell im bisher sehr flachen Jugendprogramm der Flitzer AG.
- Drei Jahre Garantie, Wartungsheft, Rücknahmegarantie.

Preis

- Positionierung im oberen Bereich, im Lebenszyklus Sondermodelle mit zusätzlicher Ausstattung ohne Mehrpreis.
- Im Ausland niedrigere Preispositionierung zur Erzielung höherer Verkaufsmengen. Sonderpreise für Sportclubs.
- Ratenzahlung möglich, Rabatt von 2 % bei Barzahlung.

Werbung

- Werbekampagne in Jugendzeitschriften, wöchentliche Schaltung im ersten Jahr, Konzentration auf subjektive Qualitäten.
- Schulung ausgewählter Verkäufer bei Wochenendausflügen.
- Vorführungen bei Sportveranstaltungen.
- Einladung von Fachjournalisten zu einem Mountainbike-Wochenende in die Alpen.

Vertrieb
Vertrieb nur über den Fachgroßhandel, der sich verpflichtet, nur ausgewählte Spezialgeschäfte zu beliefern.

Literatur

Kiesel, M., Internationales Management, in: Pepels W., Lern- und Arbeitsbuch zur A-BWL, 2. Aufl., Berlin 2016.
Kiesel, M., Ulsamer, R., Interkulturelle Kompetenz für Wirtschaftsstudierende, Berlin 2000.
Kotler, P., Bliemel, F., Marketing-Management, 10. Aufl., Stuttgart 2005.
Kroeber-Riel, W., Gröppel-Klein, A., Konsumentenverhalten, 10. Aufl., München 2013.

Organisation

4

Zusammenfassung

Dieses Kapitel verdeutlicht, welche **Aufgaben** im Rahmen der Organisation wahrzunehmen sind und wie man bei der **Gestaltung der Aufbau- und der Ablauforganisation** vorgeht. Außerdem bietet es einen Überblick über die verschiedenen **Organisationsformen.** Auch die Besonderheiten und die Ziele der **Prozessgestaltung** werden angesprochen.

4.1   Grundlagen

Ein Unternehmen funktioniert nach bestimmten Regeln. Ein Teil dieser Regeln muss bewusst geschaffen werden. Wenn sie außerdem für einen längeren Zeitraum verbindlich und allgemeingültig sind, spricht man von **Organisation**.

▶   *Was versteht man unter Organisation?*

Unter Organisation versteht man bewusst geschaffene, dauerhafte und allgemeingültige Regelungen, welche die Aufgabenbereiche der Mitarbeiter und die optimale Aufgabenerfüllung festlegen.

Natürlich kann man nicht alles dauerhaft und allgemeingültig regeln. Jedes Unternehmen muss genügend Flexibilität besitzen, um auf unvorhergesehene Ereignisse reagieren zu können. Dieser Freiraum wird als **Improvisation** oder **Disposition** bezeichnet.

© Springer Fachmedien Wiesbaden GmbH 2017   93
N. Carl et al., *BWL kompakt und verständlich*, DOI 10.1007/978-3-658-17064-6_4

1. Eine Maschine fällt aus. Es müssen kurzfristig Überbrückungsmaßnahmen eingeleitet werden. Da für diesen Fall keine generellen Regelungen existieren, muss man improvisieren.
2. Der Kunde reklamiert ein defektes Gerät. Der Sachbearbeiter muss entscheiden, ob es im Kulanzweg zurückgenommen wird (Disposition).

In großen Unternehmen besteht die Tendenz, möglichst viel organisatorisch zu regeln. Im kleinen Betrieb dagegen wird naturgemäß eher improvisiert und disponiert. In der Gründungsphase ist die formale Organisation ebenfalls noch wenig entwickelt. Erst im Laufe der Zeit werden die organisatorischen Regelungen zunehmen (vgl. Abb. 4.1).

Entscheidend für den Erfolg jedes Unternehmens ist es, das richtige Verhältnis von Organisation, Improvisation und Disposition zu finden.

▶ *Wer ist für die Gestaltung der Organisation zuständig?*

Die Gestaltung der betrieblichen Organisation ist zunächst Aufgabe des Managements. Da jedoch die Unternehmensführung nicht alle organisatorischen Aufgaben selbst erledigen kann, werden diese an spezielle Organisationsabteilungen delegiert. In Großunternehmen werden Organisatoren eingesetzt, deren Hauptaufgabe die Weiterentwicklung organisatorischer Regelungen ist.

Man hat erkannt, dass organisatorische Regelungen nicht ausschließlich zentral vorgegeben werden können. Sehr wichtig ist, dass man alle Mitarbeiter davon überzeugt, ihr eigenes Aufgabengebiet bewusst zu organisieren und permanent nach Verbesserungspotenzialen zu suchen. In den letzten Jahren hat man große Anstrengungen unternommen, die Mitarbeiter dafür zu sensibilisieren. Bei der Robert Bosch GmbH, der Daimler AG oder der Siemens AG initiierte man Projekte der ständigen Verbesserung, die unter den Begriffen Kaizen, KVP (kontinuierlicher Verbesserungsprozess) oder CIP (Continuous Improvement Process) bekannt wurden.

Abb. 4.1 Entwicklung organisatorischer Regelungen

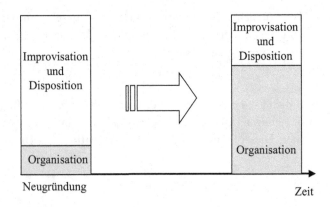

▶   *Was ist der Unterschied zwischen Aufbau- und Ablauforganisation?*

Zu unterscheiden ist zwischen der Aufbau- und der Ablauforganisation. Die Aufbauorganisation befasst sich mit der Struktur eines Unternehmens. Es werden die zu erfüllenden Aufgaben ermittelt und darauf aufbauend Stellen geschaffen, die wiederum zu Abteilungen, Hauptabteilungen usw. verbunden werden. Daraus entstehen die unterschiedlichen Organisationsformen, wie z. B. eine Gliederung des Unternehmens nach Funktionen oder Produktgruppen.

Die Ablauforganisation regelt Arbeitsabläufe (z. B. die Beschaffung eines neuen Computers für einen Mitarbeiter) und Prozesse (z. B. die gesamte Bearbeitung eines Kundenauftrags). Man kann die Ablauforganisation auch als den dynamischen Teil der Organisation betrachten. Obwohl in der Organisationsausbildung zuerst die Aufbau- und dann erst die Ablauforganisation gelehrt wird, muss man beachten, dass in der Praxis beide Teile eng verzahnt sind. Bei jedem Organisationsprojekt sind Aufbau- und Ablauforganisation synchron zu betrachten.

4.2   Aufbauorganisation

4.2.1   Aufgabenanalyse

Mit der Aufgabenanalyse will man herausfinden, welche Tätigkeiten durchzuführen sind, damit die Unternehmensziele erreicht werden. Das Ergebnis einer Aufgabenanalyse ist die Aufgabengliederung. Sie verschafft einen Überblick über die Aufgaben im untersuchten Bereich (vgl. das Beispiel unter Punkt 4.4). (Schmidt 2001)

Auch die Ablauforganisation greift auf die Aufgabenanalyse zurück. Für die Gestaltung der Abläufe müssen die Aufgaben sehr fein gegliedert vorliegen.

4.2.2   Stellenbildung

Durch die Zuordnung der durch die Aufgabenanalyse gewonnenen Teilaufgaben zu Stellen soll eine sinnvolle arbeitsteilige Ordnung entstehen. Dabei sind zwei Bildungskriterien zu unterscheiden. Wird eine bestimmte Aufgabe, wie das Drehen in der Fertigung, von speziellen Stellen wahrgenommen, spricht man von **Zentralisation**. Im Beispiel entsteht die Stelle eines Drehers. Ist das Drehen von anderen Stellen auch zu erledigen, gibt es also dafür keine spezialisierten Stellen, so handelt es sich um die **Dezentralisation**.

Beispiel

Interessant ist es, die Veränderung der Stellenbildung im Laufe der Zeit zu verfolgen. Bekannt ist der Erfolg von Henry Ford am Anfang des 20. Jahrhunderts, der nach dem Vorbild der damaligen Fleischwarenfabriken sein Automobil „Tin Lizzy" produzierte. Er nutzte die Vorteile einer extremen **Verrichtungszentralisation**, um eine hohe Produktivität zu erreichen. Jeder der am Fließband stehenden Arbeiter baute mit einem stets wiederkeh-renden Handgriff ein bestimmtes Teil ein – oft bis zu 16 Stunden am Tag. Es wird berich-tet, dass Ford die Fertigung des Fahrgestells von zwölf auf 1,5 Arbeitsstunden verringern konnte. Der damit mögliche niedrige Verkaufspreis des Autos – der Preis des Modells T konnte von anfangs 850 Dollar (dem Jahreslohn eines Arbeiters) auf 265 Dollar herabge-setzt werden – und die Zuverlässigkeit waren Voraussetzungen für die riesige Nachfrage. Allerdings zeigten sich mit der Zeit auch die Nachteile dieser Art der Fertigung. Viele Arbeiter richteten sich durch die sehr schlechten Arbeitsbedingungen zugrunde. Vor allem in Zeiten der Hochkonjunktur wuchs die Unzufriedenheit. Dies wiederum hatte eine sin-kende Produktivität zur Folge. Als Konsequenz verringerte man die Fließbandarbeit und ersetzte sie, wo es möglich war, durch die Werkstattfertigung. Anfang der siebziger Jahre sorgte Volvo für Aufsehen. Die Aufgaben bei der Automobilfertigung wurden **dezentrali-siert**. Hinzu kam der Einsatz von Teams in der Produktion. Vorreiter war das Werk Kolmar in Schweden. Einige Komponenten der damaligen Arbeitsweise sind im Folgenden aufge-führt:

• Bildung von 20 Gruppen mit jeweils 15 bis 25 Mitarbeitern.
• Jede Gruppe war für einen bestimmten Montageabschnitt verantwortlich, z. B. für Bremsen oder Armaturen.
• Die Gruppenmitglieder bestimmten selbst, wie sie die Aufgaben im Team aufteilten.
• Pufferzonen zwischen den Arbeitszonen erlaubten es, das Arbeitstempo zu variieren.
• Die Karosserien wurden auf Elektrokarren transportiert, die man auch zu einem Fließband zusammensetzen konnte. Jedes Team war so in der Lage, selbst zu ent-scheiden, ob es lieber an stationären Werkbänken oder am Band arbeitete.
• Die Fertigungshallen wurden sehr menschengerecht gestaltet. Es gab z. B. lange Fensterfronten, die viel Licht in die Gebäude ließen. Eine große Anzahl von Ecken und Winkeln in den Hallen vermittelte den Eindruck, die Arbeitsgruppen befänden sich in einer kleinen Werkstatt.

Das Experiment bei Volvo wurde nach einiger Zeit eingestellt. Jedoch haben in den 90er-Jahren die Automobilhersteller, getrieben durch das Vorbild der japanischen Unternehmen, vermehrt die Teamarbeit in der Produktion eingeführt.

▶   *Welche Stellenarten können unterschieden werden?*

Durch die Zentralisation bzw. Dezentralisation der Aufgaben aus der Aufgabenanalyse entstehen unterschiedliche Stellen: Man unterscheidet Ausführungs-, Leitungs- und Stabs-stellen (vgl. Abb. 4.2).

Für die Beschreibung von Stellen kann man die Merkmale Befugnisumfang und Auf-gabenart heranziehen:

1. **Befugnisumfang**
   Eine Stelle kann folgende Befugnisse besitzen:

   • Recht, Entscheidungen zu treffen (Entscheidungsbefugnis)
   • Weisungsrecht gegenüber anderen Stellen (Weisungsbefugnis)

- Recht auf Versorgung mit Informationen (Informationsbefugnis)
- Recht, bestimmte Sachmittel zu nutzen (Verfügungsbefugnis).

Sind alle Befugnisse vorhanden, so handelt es sich um eine Linienstelle. Als **Linienstellen** bezeichnet man die Ausführungs- und die Leitungsstellen (=Instanzen).

Fehlen Weisungs- und Entscheidungsbefugnisse, liegt eine **Stabsstelle** vor. Ein Stab besitzt in der Regel nur ein Vorschlagsrecht. Ein Sonderfall der Stabsstelle ist die Assistenz. Die Assistenz muss normalerweise häufig wechselnde Aufgaben erfüllen. Sie unterstützt eine zugeordnete Instanz umfassend. Während Stäbe wie Recht, Public Relations oder Organisation mit Spezialisten besetzt werden, erfordert die Assistenz den Generalisten.

2. **Aufgabenart**

Zu differenzieren sind Ausführungs-, Leitungs- und Unterstützungsaufgaben. Stellen, die überwiegend Leitungsaufgaben wahrzunehmen haben, nennt man **Leitungsstellen oder Instanzen.** Ausführungsaufgaben werden von den **Ausführungsstellen,** Unterstützungsaufgaben von **Stäben und Assistenzen** übernommen.

4.2.3 Abteilungsbildung

Eine Abteilung wird gebildet, indem man Stellen zusammenfasst und eine verantwortliche Abteilungsleitung bestimmt. Durch die Verdichtung dieser so genannten primären Abteilungen gelangt man zu weiteren Organisationseinheiten, für die man in der Praxis unterschiedliche Begriffe verwendet (Hauptabteilung, Bereich, Ressort u. a.). Durch die schrittweise Zusammenfassung von Stellen und Abteilungen entsteht die Organisationsform (vgl. das Beispiel unter Punkt 4.4).

4.2.4 Organisationsformen

In Abhängigkeit davon, wie die oben beschriebene Bildung von Stellen und Abteilungen über mehrere Stufen hinweg erfolgt, erhält man unterschiedliche Organisationsformen. Grundsätzlich unterscheidet man dabei zwischen **Ein- und Mehrliniensystemen.** Im Einliniensystem erhält eine Stelle nur von **einer** übergeordneten Leitungsstelle Weisungen.

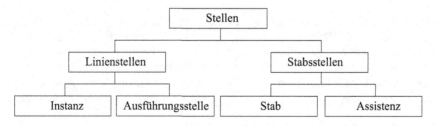

Abb. 4.2 Stellenarten

Dagegen wird im Mehrliniensystem der Grundsatz der Einheitlichkeit der Aufgabenerteilung aufgehoben. Eine Stelle kann von mehreren übergeordneten Leitungsstellen Anordnungen erhalten (Fiedler 2014).

Ein weiteres Unterscheidungsmerkmal der verschiedenen Organisationsformen ist die **Art der Zentralisation**. Manche Unternehmen sind auf der zweiten Ebene nach Verrichtungen (Einkauf, Fertigung, Vertrieb) gegliedert, andere nach Objekten (z. B. Produktgruppen). Abb. 4.3 ordnet die in den folgenden Kapiteln behandelten Organisationsformen diesen beiden Merkmalen zu.

▶   *Welche Kennzeichen besitzt die funktionale Organisation?*

Bei der funktionalen oder verrichtungsorientierten Organisation ist die zweite Hierarchieebene nach Verrichtungen gegliedert (vgl. Abb. 4.4). Entsprechend dem Wertefluss unterscheidet man im Industriebetrieb z. B. Einkauf, Produktion, Vertrieb und Verwaltung. Sie ist die am häufigsten gewählte Organisationsform und kommt vor allem bei kleinen und mittelständischen Unternehmen vor. Die Vor- und Nachteile der funktionalen Organisation zeigt Abb. 4.5 auf.

▶   *Welche Kennzeichen besitzt die divisionale Organisation?*

	Art der Zentralisation	
	Verrichtung	Objekt
Einliniensystem	Funktionale Organisation	Divisionale Organisation
Mehrliniensystem	Matrixorganisation, Tensororganisation	Matrixorganisation, Tensororganisation

Abb. 4.3 Klassifizierung unterschiedlicher Organisationsformen

Abb. 4.4 Funktionale
Organisation

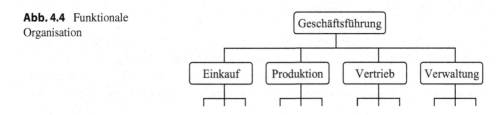

Vorteile	Nachteile
• Einfach und wenig Aufwand verursachend • Entspricht der beruflichen Spezialisierung	• Die eigene Funktion wird für die wichtigste gehalten (Ressortegoismus) • Der Beitrag der einzelnen Funktionen zum Gesamtergebnis ist nicht ersichtlich

Abb. 4.5 Vor- und Nachteile der funktionalen Organisation

Die divisionale Organisation, auch Spartenorganisation oder objektorientierte Organisation genannt, ist auf der zweiten Hierarchieebene nach Produktgruppen, Kundengruppen oder regionalen Einheiten strukturiert (vgl. Abb. 4.6). Vor allem größere Unternehmen sind divisional gegliedert.

Weitere Merkmale sind:

- Die Divisionen besitzen alle Sachfunktionen und sind weitgehend unabhängig. Da sie oft für das erwirtschaftete Ergebnis verantwortlich sind, werden sie auch als „Unternehmen im Unternehmen" bezeichnet.
- Die Divisionsleiter haben weitgehende Entscheidungsbefugnisse.
- Divisionen können in unterschiedlicher Weise für das Ergebnis verantwortlich sein (vgl. Abb. 4.7).
- Neben den Divisionen gibt es in der Regel Zentralabteilungen, welche die Unternehmensspitze bei der Koordination der Divisionen unterstützen und zentrale divisionsübergreifende Aufgaben wahrnehmen. Beispiele sind Zentralabteilungen für Personal, Recht oder Controlling.

Die Vor- und Nachteile der divisionalen Organisation werden in Abb. 4.8 beschrieben.

▶ *Welche Kennzeichen besitzt die Matrixorganisation?*

Bei einer Matrixorganisation überlagern sich zwei Organisationsstrukturen (vgl. Abb. 4.9). Diese Organisationsform zählt deswegen zu den Mehrliniensystemen. In der Matrixorganisation der Abb. 4.9 haben sowohl die Produktverantwortlichen wie auch die Funktionsmanager

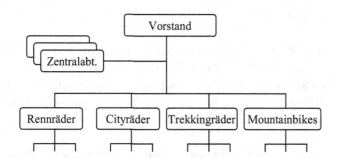

Abb. 4.6 Divisionale Organisation

Form	Verantwortlich für	Messgröße
Cost Center	Kosten	Budget
Profit Center	Ergebnis	Deckungsbeitrag, Gewinn
Investment Center	Investiertes Kapital, Ergebnis	Rentabilität

Abb. 4.7 Formen der Divisionalisierung

Vorteile	Nachteile
• Starke Marktorientierung • Hohe Spezialisierung möglich • Wenig Ressortegoismus • Hohe Motivation der Divisionsmanager	• Aufwendiger als die funktionale Organisation

Abb. 4.8 Vor- und Nachteile der divisionalen Organisation

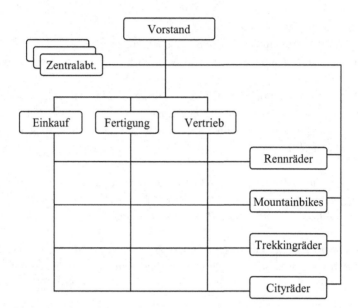

Abb. 4.9 Matrixorganisation

Linienkompetenzen. Während die Produktmanager alle Aktivitäten, die mit ihren Produkten zusammenhängen, quer über die Funktionsbereiche koordinieren, verteilen die Funktionsmanager die knappen Ressourcen ihres Fachbereichs auf die Produkte. Dabei besteht kein Weisungsrecht gegenüber den Produktmanagern. Das Management ist gezwungen, sich im konstruktiven Dialog zu einigen. Nur in unauflösbaren Konfliktfällen greift der Vorstand regelnd ein.

Die Matrixorganisation wird meist von international tätigen Konzernen mit unterschiedlichem Produktspektrum gewählt, weil sie eine hohe Spezialisierung und die Konzentration auf den Markt fördert (vgl. Abb. 4.10).

▶   *Welche Kennzeichen besitzt die Tensororganisation?*

Möchte man neben Funktionen und Produkten auch regionale Zuständigkeiten in der Aufbauorganisation abbilden, kann man auf die Tensororganisation zurückgreifen. Es handelt sich dabei um eine drei- (vgl. Abb. 4.11), in seltenen Fällen sogar vierdimensionale Organisationsform.

Vorteile	Nachteile

• Starke Marktorientierung
• Förderung innovativer Ideen
• Hohe Spezialisierung
• Schnelle und flexible Reaktion
  auf Änderungen
	• Doppelte Unterstellung der Mitarbeiter
	• Gefahr unbefriedigender Kompromisse im
	  Management
	• Aufwendige Koordination
	• Viele Führungskräfte notwendig (Kosten!)

Abb. 4.10 Vor- und Nachteile der Matrixorganisation

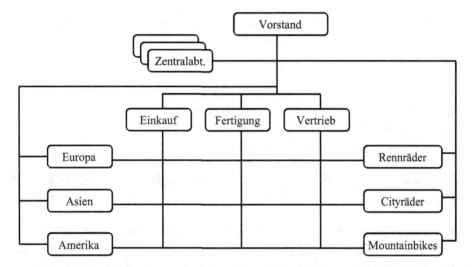

Abb. 4.11 Tensororganisation

4.3   Ablauforganisation und Gestaltung von Prozessen

Die für den globalen Wettbewerb geforderten Produktivitätsfortschritte und Kostensenkungen sind nur durch den Verzicht auf die bisherige, ausschließlich funktions- und abteilungsspezifische Sichtweise in den Unternehmen realisierbar. Im Mittelpunkt aller Optimierungsmaßnahmen muss der Prozess stehen.

Unter einem **Prozess** versteht man eine Folge einzelner Vorgänge, die in einem logischen Zusammenhang stehen. Geschäftsprozesse ziehen sich quer durch das Unternehmen und haben eindeutige Kunden- und Lieferantenbeziehungen. Ein wichtiger Prozess ist z. B. die Abwicklung eines Kundenauftrags. Weitere Beispiele sind Entwicklungs- und Einkaufsprozesse oder die Bearbeitung von Reklamationen.

Prozesse müssen organisatorisch gestaltet werden. Dazu ist es notwendig, die im Prozess anfallenden Aufgaben zu optimieren sowie die beteiligten Stellen und Abteilungen einzurichten. Es ist zu berücksichtigen, dass vielfältige Wechselwirkungen zwischen der Aufbauorganisation und einem Prozess bestehen. Verfolgt z. B. ein Unternehmen das Ziel, Stellen abzubauen, so sind davon zwangsläufig auch die Prozesse betroffen. Umgekehrt werden bei einer Automatisierung von Routineaufgaben in einem Prozess Aufgaben und damit auch Stellen überflüssig. Die Gestaltung von Prozessen führt häufig auch zu mehr Teamorganisation und damit zu einer Auflösung herkömmlicher funktionaler Abteilungsgrenzen.

4.3.1 Ziele der Prozessgestaltung

Die Prozessorganisation wurde allgemein bekannt durch die Veröffentlichung von Hammer und Champy zum Thema Business Reengineering. Sie postulieren darin eine radikale Umgestaltung der Organisation mit dem Ziel, gewaltige Steigerungen der Effizienz zu erreichen (Hammer und Champy 2002):

- Kostensenkungen zwischen 30 und 60 Prozent,
- Qualitätsverbesserungen zwischen 50 und 90 Prozent,
- Verkürzung der Durchlaufzeiten zwischen 60 und 80 Prozent,
- Produktivitätssteigerungen um 100 Prozent.

Eines der wichtigsten Ziele der Prozessgestaltung ist die **Minimierung der Durchlaufzeit**. Die Durchlaufzeit setzt sich aus Bearbeitungs-, Liege- und Transportzeiten zusammen (vgl. Abb. 4.12).

Problematisch ist der hohe Anteil der Liegezeiten, der oftmals bis 90 % der gesamten Durchlaufzeit beträgt. Häufige Rückfragen oder wiederholte Bearbeitung gleicher Vorgänge führen zusätzlich dazu, dass die reine Bearbeitungszeit bei lediglich 3–5 % liegt. Der Grund dafür ist vor allem die hohe Arbeitsteilung. Bei jedem Übergang von einem Aufgabenträger zu einem nachfolgenden fallen Transport- und insbesondere Liegezeiten an. Hinzu kommen geistige Rüstzeiten für die bei jedem Bearbeitungswechsel nötige Einarbeitung. Häufig werden solche Abläufe nicht von integrierten IT-Systemen unterstützt. Medienbrüche führen zur Mehrfacherfassung von Daten. Beispielsweise, wenn ein Sachbearbeiter auf die bereits im operativen IT-System gespeicherten Daten nicht zurückgreifen kann und deswegen eine manuelle Kartei führt. Zusätzlich verursachen diese redundanten Daten Fehler (weitere Informationen bei Fiedler 2014, S. 66 ff.).

Wichtigstes Ziel ist die Realisierung schlanker Prozesse. Ein Ansatzpunkt ist zunächst, die **hohe Arbeitsteilung zurückzunehmen**. Dem einzelnen Mitarbeiter wird dabei ein größerer Aufgabenbereich zugewiesen. Dies kann horizontal durch zusätzliche dispositive Aufgaben (Job Enlargement) oder in vertikaler Hinsicht durch Dezentralisierung von Entscheidungen (Job Enrichment) erfolgen. Sinnvoll ist in vielen Fällen die Einrichtung von Teams, die für komplette Prozessabschnitte zuständig sind.

Transportzeiten lassen sich besonders effektiv durch die **Einführung integrierter IT-Systeme** verringern. Beispielsweise unterstützen Workflow-Systeme die durchgehende Bearbeitung von Prozessen auf der Grundlage festgelegter Regeln. Der Benutzer kann mit solchen Systemen nach Dokumenten suchen, elektronische Post versenden und Routineprüfungen automatisieren.

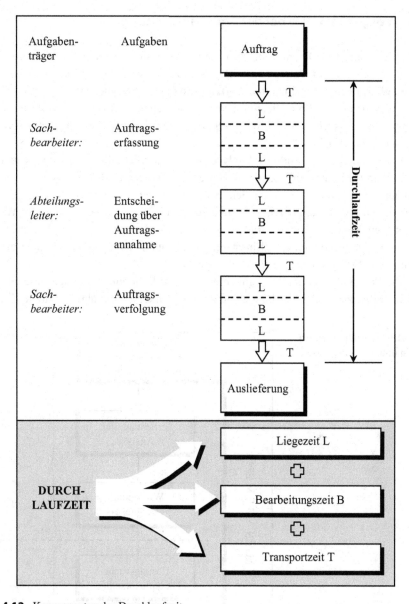

Abb. 4.12 Komponenten der Durchlaufzeit

Durch die Gestaltung von Geschäftsprozessen können weitere Ziele erreicht werden:

- Maximierung der Kapazitätsauslastung,
- Erhöhung der Flexibilität,
- Verbesserung der Qualität,
- Erhöhung der Termintreue,
- Senkung von Kosten.

4.3.2   Vorgehensweise bei der Prozessgestaltung

Die Durchführung von Organisationsprojekten sollte systematisch und schrittweise erfolgen (vgl. Abb. 4.13). Am Anfang eines Projektes zur Gestaltung von Prozessen ist durch einen möglichst genau spezifizierten **Auftrag** festzulegen, welche Ziele zu erfüllen sind, welche Ressourcen dem Projektteam zur Verfügung stehen und bis wann das Projekt abgeschlossen sein muss. Erforderlich ist eine Planung und Kontrolle wie in Kap. 7 (Projektmanagement) beschrieben.

Im Rahmen der **Erhebung und Analyse** ist es wesentlich, die Prozesse im Unternehmen zu erkennen und gegeneinander abzugrenzen. Danach sind diejenigen Prozesse zu bestimmen, die optimiert werden sollen. Naheliegend ist es, zunächst die Kernprozesse des Unternehmens zu verbessern. Das sind solche, die eine hohe Bedeutung im Wettbewerb um den Kunden besitzen. Andere Kriterien für die Auswahl von Prozessen sind mögliche Einsparungspotenziale, Einsatzmöglichkeiten neuer Technologien oder die voraussichtlichen Erfolgschancen einer Prozessgestaltung.

Für die Prozessdarstellung wird eine hierarchische Differenzierung des Geschäftsprozesses in Teilprozesse, Arbeitsabläufe und Arbeitsgänge durchgeführt. Zusätzlich zu die-

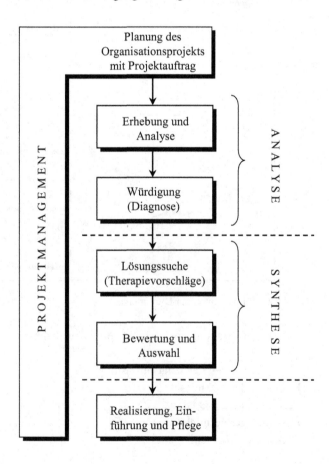

Abb. 4.13 Projektphasen bei der Gestaltung von Prozessen

ser Strukturbetrachtung muss die zeitlich-logische Anordnung der Arbeitsschritte erfasst werden. Dabei sollte man auch Zeit-, Mengen-, Kosten- und Qualitätsinformationen und die verwendeten Sachmittel (insbesondere die IT-Ausstattung) berücksichtigen.

Die Analyse sollte sich nicht auf das eigene Unternehmen beschränken. Vielmehr sind die Prozesse unternehmensübergreifend zu betrachten. Durch die Optimierung der zwischenbetrieblichen Kommunikation lassen sich enorme Einsparungen erzielen. Ein Beispiel ist die Optimierung des Bestellprozesses. Einige große Handelsunternehmen lagern die Verantwortung für die eigene Bevorratung auf die Zulieferer aus. Dies funktioniert nur bei einer unternehmensübergreifenden Gesamtbetrachtung aller am Bestellprozess Beteiligten.

Die **Prozesswürdigung** bewertet die erhobenen, geordneten und dargestellten Ergebnisse der Prozessanalyse. Die erkannten Probleme werden auf Ursachen zurückgeführt. Von besonderem Interesse sind hohe Transport- und Liegezeiten sowie mehrmaliges Bearbeiten desselben Vorgangs (z. B. durch unvollständige Unterlagen). Bei günstiger Datenlage können die Gesamtkosten des Prozesses ermittelt werden. Dadurch ergibt sich die Möglichkeit von Wirtschaftlichkeitsanalysen. Die Prozesskostenrechnung erlaubt eine Diagnose der Kostensituation im Prozess.

Die **Lösungssuche** ist der erste Schritt der Prozessgestaltung bzw. Prozesssynthese. Dabei werden verschiedene Prozessvarianten entwickelt. Jede vorgeschlagene Version beinhaltet optimierte Abläufe und Maßnahmen für die Reorganisation der Daten, Aufgaben und Sachmittel. Besonders zu beachten ist die Neukonzeption der Aufbauorganisation. Im Einzelnen sind die für den neuen Prozess notwendigen Stellen nach Art und Menge zu bestimmen, Verantwortlichkeiten und der Abteilungsaufbau festzulegen sowie zentrale Unterstützungs- und Dienstleistungszentren (Stäbe) einzurichten.

Liegen mehrere Alternativen für die Realisierung eines Prozesses vor, so müssen diese **bewertet** werden, um die vorteilhafteste Prozessgestaltung **auswählen** zu können. Anschließend kann man die vorgeschlagenen Maßnahmen **realisieren**. Besondere Sorgfalt muss auf die Einführung des neugestalteten Prozesses gelegt werden. Offene Informationspolitik und frühzeitige Schulungen erhöhen die Motivation der Mitarbeiter, Änderungen mitzutragen.

Neben den in größeren Zeitabständen durchgeführten Projekten zur Optimierung der Organisation darf die **ständige Weiterentwicklung** der Unternehmensorganisation nicht vernachlässigt werden. Alle Mitarbeiter müssen für einen Prozess der ständigen Verbesserung gewonnen werden.

4.4 Beispiel

Die zunehmende Konkurrenz auf dem Fahrradmarkt führte in den letzten Jahren zu einem Preisverfall. Die Flitzer AG unternimmt deswegen enorme Anstrengungen zur Kostensenkung.

Um billige Arbeitskräfte einsetzen zu können, plant man die Gründung eines Fahradwerkes in Tschechien. Stefan Schlau, der Organisationsleiter, wird gemeinsam mit Baldur Speiche, Leiter Produktion, und Dr. Alles-Klar, Leiter Controlling, vom Vorstand beauftragt, die Aufbauorganisation zu entwerfen. Zunächst analysieren sie im Rahmen eines schnell einberufenen Workshops die Aufgaben, die im Rahmen der Fahrradproduktion anfallen (vgl. Abschn. 4.2.1 und Abb. 4.14).

Ausgehend von der Aufgabenanalyse kann Stefan Schlau durch zentrale oder dezentrale Verteilung der Aufgaben die Stellen bilden (vgl. Abschn. 4.2.2 und Abb. 4.15). Im Beispiel der Abb. 4.15 werden für Drehen, Bohren und Fräsen der Fahrradteile spezialisierte Stellen zentral nach der Verrichtung eingerichtet.

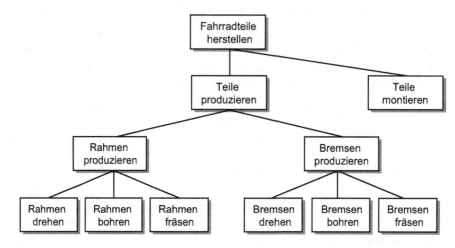

Abb. 4.14 Aufgabenanalyse

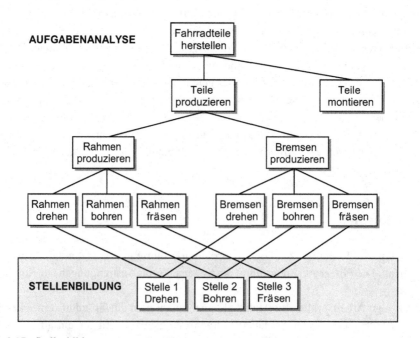

Abb. 4.15 Stellenbildung

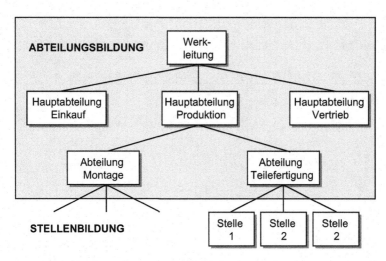

Abb. 4.16 Abteilungsbildung

Die Stellen sind die Grundlage zur Bildung von Abteilungen, Hauptabteilungen usw. (vgl. Abschn. 4.2.3 und Abb. 4.16).

Durch die Art der Stellenbildung und Stellenzusammenfassung entsteht eine bestimmte Organisationsform (vgl. Abschn. 4.2.4). Im Beispiel besitzt das Fahrradwerk in Tschechien eine funktionale Organisation.

Literatur

Fiedler, R., Organisation kompakt, 3. Aufl. München 2014.

Hammer, M., Champy, J., Business Reengineering. Die Radikalkur für das Unternehmen, München 2002.

Schmidt, G., Methode und Techniken der Organisation, 12. Aufl. Gießen 2001.

Finanzierung und Investitionsrechnung

5

Zusammenfassung

Dieses Kapitel verdeutlicht, wie eine **Bilanz und Gewinn- und Verlustrechnung** aufgebaut ist und wie sich **Finanzierungs- und Investitionsentscheidungen** auf diese Rechnungen auswirken. Es wird erläutert, wie man eine Finanzplanung durchführt und welche **Quellen für die Finanzierung** von Investitionen bereit stehen. In einem weiteren Teil wird anhand von Beispielen gezeigt, wie man **Investitionsprojekte auf ihre Wirtschaftlichkeit und ihre Risiken** prüft.

5.1 Grundlagen

▶ *Was versteht man unter Finanzierung und Investition und wie schlagen sich diese Vorgänge in der Bilanz und Gewinn- und Verlustrechnung nieder?*

Den **güterwirtschaftlichen Prozessen** der Beschaffung, Leistungserstellung und Leistungsverwertung steht **der finanzwirtschaftliche Prozess** gegenüber. Der güterwirtschaftliche Prozess setzt voraus, dass finanzielle Mittel zur Beschaffung der Produktionsfaktoren vorhanden sind und entweder durch die Vermarktung von Leistungen wieder erwirtschaftet werden oder die finanzielle Ausstattung durch Einzahlungen von außen erfolgt. In jedem Fall führen die güterwirtschaftlichen Prozesse zu Zahlungsströmen, d. h. es werden Auszahlungen bzw. Einzahlungen ausgelöst.

An dieser Stelle sollen einige Begriffe näher erläutert werden, die in der Literatur sehr unterschiedlich definiert werden.

© Springer Fachmedien Wiesbaden GmbH 2017   109
N. Carl et al., *BWL kompakt und verständlich*, DOI 10.1007/978-3-658-17064-6_5

Unter **Finanzierung** soll in diesem Zusammenhang jede **Kapitalbeschaffung** im weiteren Sinne, also die Bereitstellung von finanziellen Mitteln zur Abwicklung der betrieblichen Leistungserstellung und Leistungsverwertung, aber auch die Durchführung außerordentlicher Vorgänge z. B. Kapitalerhöhung, Sanierung, Umwandlung etc. verstanden werden.

Finanzierung beinhaltet also ebenso die **Freisetzung investierter Geldbeträge** durch den betrieblichen Umsatzprozess, durch den wieder Mittel für neue Investitionsvorgänge zur Verfügung stehen.

Die Finanzierung schlägt sich sowohl auf der Passivseite der Bilanz als auch auf der Aktivseite nieder. Aus der Passivseite lässt sich entnehmen, welche Finanzmittel von Seiten der Anteilseigner oder von Fremdkapitalgebern, z. B. Banken, Lieferanten etc. zur Verfügung gestellt werden. Die bilanzielle Darstellung dieser verschiedenen Kapitalarten differiert je nach der Rechtsform der Gesellschaft.

Finanzierungsvorgänge wirken sich jedoch auch auf der Aktivseite aus. Die Freisetzung von in Sach- und Finanzwerten investierten Geldbeträgen in liquide Mittel, auch **Desinvestition** genannt, führt zu einer Umschichtung der Aktivseite. Finanzierung beinhaltet also auch den Vermögenstausch, ohne dass sich die Passivseite dadurch ändert.

Finanzierung hat nicht nur etwas mit der Beschaffung von Geld zu tun. Z. B. handelt es sich ebenfalls um die Finanzierung eines Unternehmens, wenn eine **Kapitalerhöhung** durch Ausgabe neuer Aktien erfolgt, aber kein Geld eingezahlt wird, sondern Sachmittel (Maschinen, Grundstücke etc.) eingebracht werden. Finanzierung ist also Kapitalbeschaffung in allen Formen, unabhängig davon, ob das überlassene Kapital in Form von Geld, Gütern oder Wertpapieren erfolgt.

Eine der wichtigsten finanzwirtschaftlichen Größen ist die **Liquidität**, also die Fähigkeit, allen Zahlungsverpflichtungen fristgerecht nachzukommen.

Liquidität kann einerseits durch den Umsatzprozess, z. B. durch Veräußerung von Gütern des Umlaufvermögens oder durch die Zuführung von liquiden Mitteln, von außen sichergestellt werden. Das Unternehmen muss, um existieren zu können, die Liquiditätssituation ständig überwachen, denn Illiquidität führt unweigerlich zum Konkurs.

Mit dem Begriff Investition wird i. d. R. die Verwendung von finanziellen Mitteln für den betrieblichen Leistungsprozess, z. B. die Beschaffung, verbunden. Die Investitionen finden sich auf der Aktivseite der Bilanz wieder, also im Sachvermögen, immateriellen Vermögen, Umlaufvermögen etc.

Die Begriffe Finanzierung und Investition sind eng miteinander verbunden. Eine Investition kann nicht getätigt werden, wenn sie nicht finanziert werden kann.

5.2 Darstellung in der Bilanz

Drei Kernbereiche lassen sich in der Bilanz systematisch voneinander trennen (vgl. Abb. 5.1).

Das nachfolgende Beispiel soll den Zusammenhang von Finanzierung und Investition, wie er sich in der Bilanz darstellt, aufzeigen.

Beispiel

1) Der Unternehmer Herr Flitzer gründet sein Unternehmen, die Flitzer GmbH, und zahlt das Startkapital in Höhe von 3000 T€ auf sein Bankkonto ein. Zur Finanzierung der Unternehmung stellt ihm die Bank weitere Mittel in Form eines langfristigen Kredites in Höhe von 5000 T€ zur Verfügung. Der Betrieb hat nun Zahlungsmittel (Aktivseite, Vermögen) von insgesamt 8000 T€, die aus Eigenkapital und Fremdkapital finanziert wurden (Abb. 5.2).

Die Zahlungsmittel werden nun für den Kauf eines Gebäudes (5000 T€), von Maschinen (1000 T€) sowie von Roh-, Hilfs- und Betriebsstoffen (1000 T€) verwendet (Abb. 5.3). Der Vermögens- und Kapitalbestand ändert sich durch diese Transaktionen nicht. Es findet lediglich ein Vermögenstausch (**Aktivtausch**) statt:

Für die Fabrikation benötigt er weitere Zulieferteile (Abb. 5.4). Die Bezahlung soll nach einer bestimmten Zeit an den Lieferanten erfolgen (Lieferantenkredit 2000). Die Bilanz sieht dann folgendermaßen aus:

Aktiva	Passiva
Investitionsbereich	**Kapitalbereich**
Zahlungsbereich	

Abb. 5.1 Finanzierung und Investition in der Bilanz 1

Bilanz zum 31.12.20..

Aktiva		Passiva	
Investitionsbereich		**Kapitalbereich**	
	0	Eigenkapital	3.000
Zahlungsbereich		Fremdkapital langfristig	5.000
Bank	8.000		
	8.000		8.000

Abb. 5.2 Finanzierung und Investition in der Bilanz 2

Aktiva		Passiva	
Investitionsbereich		**Kapitalbereich**	
Gebäude	5.000	Eigenkapital	3.000
Maschinen	1.000	Fremdkapital langfristig	5.000
Roh-,Hilfs-,Betriebsst.	1.000		
Zahlungsbereich			
Bank	1.000		
	8.000		8.000

Abb. 5.3 Finanzierung und Investition in der Bilanz 3

Aktiva		Passiva	
Investitionsbereich		**Kapitalbereich**	
Gebäude	5.000	Eigenkapital	3.000
Maschinen	1.000	Fremdkapital Lieferant	2.000
Roh-,Hilfs-,Betriebsst.	3.000	Fremdkapital langfristig	5.000
Zahlungsbereich			
Bank	1.000		
	10.000		10.000

Abb. 5.4 Finanzierung und Investition in der Bilanz 4

Durch den Lieferantenkredit haben sich das Vermögen und das Kapital erhöht (Bilanzverlängerung). Bisher waren alle Vorgänge des Unternehmens Flitzer erfolgs-neutral.

Durch den Leistungserstellungsprozess werden die Roh-, Hilfs- und Betriebsstoffe (RHB) und die Arbeits- und Dienstleistungen in Halb- und Fertigfabrikate umgewandelt. Auch hier tritt wieder eine Umschichtung in der Bilanz ein.

Die Herstellungskosten werden folgendermaßen angegeben:

RHB	800 T€
Gebäudeabschreibung	100 T€
Maschinenabschreibung	150 T€
Löhne/andere Aufwendungen	500 T€
Summe	**1.550 T€**

Abschreibung ist der Wertverzehr (Abnutzung) am Anlagevermögen (Maschinen, Gebäude etc.), der als Aufwand in der Gewinn- und Verlustrechnung die Erträge mindert und gleichzeitig den Wert des Anlagegutes reduziert.

Aktiva		Passiva	
Investitionsbereich		**Kapitalbereich**	
Gebäude	4.900	Eigenkapital	3.000
Maschinen	850	Fremdkapital Lieferant	2.000
Roh-,Hilfs-,Betriebsst.	2.200	Fremdkapital langfristig	5.000
Fertigfabrikate	1.550		
Zahlungsbereich			
Bank	500		
	10.000		10.000

Abb. 5.5 Finanzierung und Investition in der Bilanz 5

Aktiva		Passiva	
Investitionsbereich		**Kapitalbereich**	
Gebäude	4.900	Eigenkapital	
Maschinen	850	Anfangsbestand	3.000
Roh-, Hilfs-, Betriebsstoffe	2.200	Gewinn	250
Fertigfabrikate	0	Fremdkapital Lieferant	2.000
Zahlungsbereich		Fremdkapital langfristig	5.000
Bank	2.300		
	10.250		10.250

Abb. 5.6 Finanzierung und Investition in der Bilanz 6

Durch die Leistungserstellung hat sich die Bilanz geändert. Der Verbrauch an Produktionsfaktoren im Wert von 1550 T€ findet sich wieder im Bestand an Fertigfabrikaten, und zwar in Höhe von 1550 T€. Die Kapitalpositionen dagegen verändern sich nicht (vgl. Abb. 5.5).

Auch in diesem Fall ist kein Gewinn oder Verlust entstanden.

Erst wenn die Fertigfabrikate abgesetzt werden, erfolgt ein **Finanzmittelrückfluss**. Investitionen (Fertigfabrikate) werden desinvestiert (Absatz) und stehen als Finanzmittel wieder für den Umsatzprozess bereit (**Innenfinanzierung**).

Nehmen wir an, die Fertigfabrikate werden für 1800 T€ verkauft und der Erlös fließt sofort auf das Bankkonto der Flitzer-Unternehmung (vgl. Abb. 5.6).

Der Kapitalbereich wird also vom Prozess der Leistungserstellung nur insofern tangiert, als ein Gewinn oder Verlust eingetreten ist.

Eine Veränderung der Kapital- und der Vermögensseite tritt ein, wenn der Unternehmer Verbindlichkeiten zurückzahlt oder Gewinne entnimmt. Die Bilanz verkürzt sich, da der Banksaldo sinkt und entsprechend auch das Fremdkapital abnimmt. Eine Aufstockung des Kapitals seitens des Anteilseigners führt dagegen zur Bilanzverlängerung.

Aktiva		Passiva	
Investitionsbereich		**Kapitalbereich**	
Gebäude	4.900	Eigenkapital	
Maschinen	850	Anfangsbestand	3.000
Roh-, Hilfs-, Betriebsstoffe	2.200	Gewinn	250
Fertigfabrikate	0	Zugang	200
Zahlungsbereich		Fremdkapital Lieferant	2.000
Bank	2.400	Fremdkapital langfristig	4.900
	10.350		10.350

Abb. 5.7 Finanzierung und Investition in der Bilanz 7

Der Unternehmer legt weitere 200 T€ in das Unternehmen ein und zahlt gleichzeitig Verbindlichkeiten in Höhe von 100 T€ zurück (vgl. Abb. 5.7).

Das oben dargestellte Beispiel zeigt, dass die Bilanz die Veränderungen, die durch Finanzierungs- und Investitionsvorgänge ausgelöst werden, in ihrer Zusammensetzung und Höhe widerspiegelt.

5.3   Finanzierung

5.3.1   Finanzplanung

▶   *Wie ist eine Finanzplanung aufgebaut?*

Im Unternehmen werden durch den betrieblichen Leistungsprozess ständig Zahlungsströme ausgelöst. Der **Kapitalbedarf** steht nicht für die gesamte Lebenszeit des Unternehmens fest, sondern wird sich immer ändern. Bestimmungsfaktoren sind z. B. Betriebsgröße, Beschäftigungsgrad, Kosten, Absatzentwicklung oder Wechselkursveränderungen etc. Die Zahlungsströme sind das Ergebnis von Entscheidungen innerhalb des Unternehmens und von Entwicklungen in der Umwelt. In jedem Fall müssen sie im Rahmen einer Gesamtunternehmensplanung (d. h. im Budget, aber auch in Mittelfrist- und Strategieplänen) mit berücksichtigt werden (Becker 2016).

Die Unternehmensplanung ist eine der wichtigsten Aufgaben der Unternehmensführung. Da die Geschäftsleitung diese Aufgabe aber nicht im Detail selbst erarbeiten kann, ist sie auf den Sachverstand der Mitarbeiter angewiesen. Die Unternehmensplanung besteht aus vielen einzelnen Teilplänen, die erst am Schluss zu einer Gesamtplanung zusammengefasst werden.

Der erste zu erstellende Teilplan ist meistens der **Absatzplan**, da der Absatz der Engpassfaktor ist, also der Faktor, der am schwersten zu beeinflussen ist und der alle anderen Aktivitäten im Unternehmen auslöst. Dann folgen **Umsatz- (Preis- und Mengenplanung), Produktions-, Beschaffungs-, Lagerhaltungspläne**. Die Finanzpläne setzen i. d. R. auf die

vorgenannten Pläne auf. Unter Finanzplänen im weiteren Sinne sollen hier der **Liquiditätsplan, die Gewinn- und Verlustrechnung und die Bilanz** verstanden werden.

Die aus den Entscheidungen und Prognosen, die in die Teilpläne eingeflossen sind,
resultierenden Finanzpläne haben wiederum Einfluss auf die anderen Pläne. Stellt sich
beispielsweise heraus, dass eine bestimmte Umsatzplanung zu erheblichen Verlusten oder
Liquiditätsengpässen führt, so müssen aufgrund der Ergebnisse im Finanzplan die anderen
Teilpläne wieder überarbeitet werden.

Die Finanzpläne sind also keine vom übrigen unternehmerischen Geschehen losgelös-
ten Zahlenwerke, sondern sind integrierter Bestandteil der **Unternehmensplanung**

5.3.1.1 Planung der Gewinn- und Verlustrechnung

In den meisten Unternehmen werden die Budgets (kurzfristige Planung) im Herbst erarbeitet. Als Grundlage und Orientierung für die Prognose des Folgejahres (Budgetjahr)
werden die Ist-Zahlen des gerade laufenden Jahres herangezogen. Sicher erscheinende
Entwicklungen werden in die Pläne für das nächste Jahr eingearbeitet. Aus den Teilplänen
der verschiedenen Bereiche und Funktionen können dann kumulierte Ertrags- und Auf-
wandsrechnungen ermittelt werden.

Der erste Finanzplan ist in der Praxis eine Gewinn- und Verlustrechnung für das nächste
Jahr. In Grundzügen sieht eine Gewinn und Verlustrechnung (GuV) aus wie in Abb. 5.8
dargestellt.

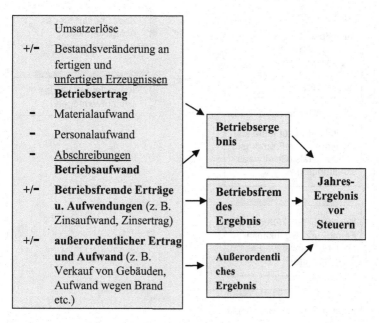

Abb. 5.8 Ermittlung des Jahresüberschusses

- In der GuV-Planung werden in erster Linie die Umsatzerträge (aus der Absatz- und Umsatzplanung), und die Aufwendungen (aus Kostenplanung der Abteilungen) zusammengestellt.
- Betriebsfremde Erträge und Aufwendungen werden meistens auch geplant. Außerordentliche Ereignisse können aber häufig nicht vorhergesehen werden und bleiben deshalb häufig unberücksichtigt in der Planung.
- Das Betriebsergebnis errechnet sich aus der Differenz zwischen Betriebsertrag und Betriebsaufwand. Zusammen mit den anderen Ergebnissen ergibt sich dann der Jahresüberschuss vor Steuern.

5.3.1.2 Liquiditätsplanung

Kapital ist ein Produktionsfaktor, ohne den ein Unternehmen nicht existieren kann. Es ist notwendig, um das Anlage- (z. B. Grundstücke, Maschinen) und das Umlaufvermögen (z. B. Rohstoffe) und die laufenden Kosten (z. B. Löhne) zu finanzieren, Zins-, Tilgungs- und Dividendenzahlungen zu leisten und die Steuern zu begleichen (Abb. 5.9).

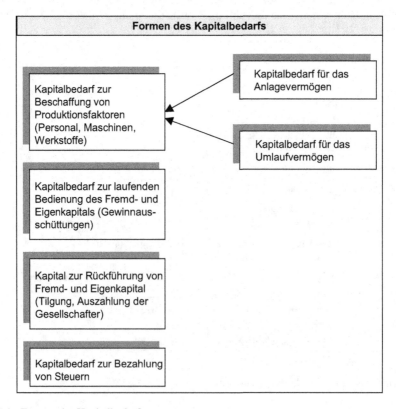

Abb. 5.9 Formen des Kapitalbedarfs

Die Liquiditätsplanung ist die Planung des kurzfristigen Kapitalbedarfs und ebenfalls Teil der gesamtunternehmensbezogenen Planungs- und Kontrollrechnung und hat die Aufgabe, Ein- und Auszahlungen zu erfassen. Ziel ist die Liquiditätssicherung und die Optimierung der Rentabilität der Zahlungsbestände. Die Aufrechterhaltung der Liquidität ist unabdingbare Voraussetzung für die Existenz der Unternehmung.

Im Rahmen der Liquiditätsplanung werden letztendlich Ein- und Auszahlungen sowie Zahlungsmittelbestände für die Zukunft geplant. Es werden Tages-, Wochen-, Monats-, Jahres- und Mehrjahresplanungen durchgeführt. Alle Zahlungsmittelbewegungen eines Planungszeitraumes müssen nach Höhe und Zeitpunkt sowie alle Zahlungsmittelbestände zu Beginn und am Ende erfasst werden. Das Ergebnis ist ein Zahlungsmittelbedarf (= Kapitalbedarf) oder ein Zahlungsmittelüberschuss.

Das Kapital ist in den Vermögenswerten unterschiedlich lang gebunden. Ebenso steht das Kapital nur begrenzte Zeiträume dem Unternehmen zur Verfügung. Daraus ergibt sich, dass der Betriebsprozess nur dann reibungslos ablaufen kann, wenn alle Zahlungsverpflichtungen fristgerecht erfüllt werden. Das kann, wie wir oben gesehen haben, zum einen durch die Zufuhr von liquiden Mitteln durch den Umsatzprozess, als auch durch Mittel von außen erfolgen.

In jedem Fall muss eine dauernde Überwachung der Liquidität durchgeführt werden. Illiquidität (Zahlungsunfähigkeit) führt i. d. R. zur Insolvenz.[1]

Auf der anderen Seite ist aber auch eine Überliquidität von Nachteil, da damit eine geringere Verzinsung dieser Liquiditätsreserven einhergeht.

Der Verantwortliche für die Finanzen befindet sich also immer im Spannungsfeld. Er muss zum einen die Liquidität jederzeit gewährleisten, um die Existenz des Unternehmens nicht zu gefährden. Zum anderen muss er aber auch dafür Sorge tragen, dass das Finanzmanagement ergebnisorientiert arbeitet.

Ermittlung des Kapitalbedarfs/-überschusses mittels Differenz von Einzahlungen und Auszahlungen

Je größer ein Unternehmen ist, desto detaillierter werden die Ein- und Auszahlungen geplant und überwacht. Großunternehmen zentralisieren ihre Zahlungsströme und erstellen z. B. für einen Zeitraum von ca. 1–2 Monaten im Voraus eine tägliche Liquiditätsplanung. Die Zeiträume danach werden dann beispielsweise wöchentlich oder monatlich geplant. Wie dieser Geldbedarf geplant werden kann, soll die folgende Formel zeigen:

$$KB_t = \sum_{t=0}^{n} A_t - \sum_{t=0}^{n} E_t$$

KB_t = Kapitalbedarf in der Periode t
A   = Auszahlungen
E   = Einzahlungen
n   = Zahl der Jahre im betrachteten Zeitraum

---

[1] Bei Kapitalgesellschaften ist auch die Überschuldung (Verbindlichkeiten übersteigen die Vermögenswerte) ein Konkursgrund.

Planung ist die gedankliche Vorwegnahme zukünftiger Tatbestände mit dem Ziel, darauf aufbauende Entscheidungen zu treffen. Eine so definierte Planung muss im Hinblick auf Höhe und zeitlichen Anfall des Kapitalbedarfs durchgeführt werden.

Beispiel
Beispiel für eine Kapitalbedarfs- bzw. Liquiditätsrechnung

	Mai	Juni	Juli
1. Kassenposition			
Bank	-520	-600	2.700
2. Einzahlungen			
Barverkäufe	12.200	11.300	11.200
Forderungseingänge	25.100	24.700	22.300
Anzahlungen	2.020	1.500	700
Lizenzen	4.500	4.500	4.500
Patente	2.200	2.200	2.200
Anlagenverkauf	4.000	1.300	1.200
Kapitalerhöhung	3.000	1.000	400
Kreditaufnahme	2.500	500	300
Tilgung gewährter Kredite	1.200	1.300	1.200
Wertpapierverkauf	800	2.700	400
Summe Einzahlungen	**57.520**	**51.000**	**44.400**
3. Auszahlungen			
Gehälter, Löhne	24.000	23.000	23.000
RHB	12.400	11.500	15.400
Sonstiges	3.000	2.800	2.500
Anlagenkauf	6.200	1.400	0
Gewinnausschüttung	2.500	1.300	0
Kredittilgung	3.500	3.000	3.000
Zinsen	2.000	2.200	2.300
Steuern	4.000	2.500	2.500
Summe Auszahlungen	**57.600**	**47.700**	**48.700**
4. Geldbedarf/Überschuss	**-600**	**2.700**	**-1.600**

Maßnahmen zur Verbesserung der Liquidität

- Reduktion der ausstehenden Forderungen/Erhöhung der Debitorenumschlagshäufigkeit,
- Reduktion der Lagerbestände/Erhöhung der Lagerumschlagshäufigkeit,

- Einsatz von Leasing, Factoring/Forfaitierung (Verkauf von Forderungen an eine Bank bzw. ein entsprechendes Unternehmen mit dem Ziel, schneller Einzahlungen zu erhalten),
- Verlängerung der Lieferantenkredite,
- Valutierungsoptimierung (Vereinbarung mit der Bank mit dem Ziel, eingehende Zahlungen schneller gutzuschreiben bzw. ausgehende Zahlungen erst später zu belasten),
- Anlagenoptimierung: überschüssiges Geld dem Liquiditätsplan entsprechend anlegen, so dass bei Liquiditätsbedarf auch auf diese Liquiditätsreserven zugegriffen werden kann,
- Kreditversicherungen abschließen, damit unvorhergesehene Forderungsausfälle die Liquidität nicht belasten,
- Zusammenfassung der Liquiditätsströme in einer Zentrale, damit überschüssige Mittel in einem Teil des Unternehmens für Liquiditätsbedarf in anderen Geschäftsfeldern zur Verfügung stehen.

5.3.1.3 Bilanzplanung

Eine Schlussbilanz für das Budgetjahr lässt sich aus den anderen Finanzplänen ermitteln. Ausgehend von der Anfangsbilanz des Budgetjahres (Vermögensstatus zu Beginn der Planungsperiode) wird, wie wir oben gesehen haben, eine Plan-Gewinn- und Verlustrechnung erarbeitet. Veränderungen auf der Vermögensseite, wie beispielsweise die Abschreibung bei Gebäuden, Maschinen etc., sind in der GuV als Aufwand enthalten. Entsprechendes gilt für die Erträge aus Verkäufen, die sich entweder in der Kasse oder in der Position Forderungen auf der Aktivseite der Bilanz wieder finden.

Erhöhungen oder Verminderungen der Kapitalstruktur werden ebenfalls zum Teil in der GuV sichtbar. Z. B. sind die Einstellung einer Rückstellung für drohende Verluste oder Neuzusagen für Pensionen für Mitarbeiter Aufwandspositionen in der GuV. In der Bilanz werden sie auf der Passivseite verbucht.

Neben diesen in der GuV verbuchten Größen spielen aber auch die nicht ertrags- oder aufwandswirksamen Veränderungen, die im Liquiditätsplan ersichtlich werden, für die Plan-Bilanz eine Rolle. Beispielsweise führt eine Kapitalerhöhung, die nicht GuV-wirksam ist, zu einer Erhöhung der Kassenbestände (Aktivseite) und gleichzeitig zu einer Erhöhung des Eigenkapitals (Passivseite).

Das nachfolgende, sehr einfach gehaltene Beispiel soll die Zusammenhänge zwischen Bilanz, GuV und Liquidität verdeutlichen:

Beispiel

Ziel ist die Erarbeitung einer GuV 01, einer Bilanz 31.12.01 und einer Liquiditätsrechung für den 31.12.01.

Ausgangssituation ist die Anfangsbilanz 1.1.01 und die GuV 00:

Ausgangslage: Gewinn- und Verlustrechnung	00
Umsatz	12.000.000
- Erlösschmälerungen	720.000
(Rabatte, Skonto etc.)	
- Materialaufwand	8.500.000
= Rohergebnis	**2.780.000**
- Fixkosten[1]	
Lohnkosten	1 300.000
Mietkosten	500.000
sonst. Betriebskosten	260.000
Abschreibungen	200.000
Marketingkosten	150.000
Zinsaufwand	30.000
= Ergebnis vor Steuer	340.000
Steuer	170.000
= Ergebnis nach Steuer	**170.000**

[1] Es wird angenommen, dass die folgenden Kosten fix sind.

Bilanz zum 31.12.00 = Anfangsbilanz 1.1.01			
Anlagevermögen	2.000.000	Eigenkapital	600.000
Warenlager	1 200.000	Verbindlichkeiten	500.000
Kundenforderungen	800.000	Bankkontokorrentkredit	1.300.000
		Darlehen	1.600.000
Summe AKTIVA	4.000.000	Summe PASSIVA	4.000.000

Der praktikabelste Weg zu einer neuen Finanzplanung ist, ausgehend von der Anfangsbilanz 1.1.01, eine Plan-GuV 01 zu entwickeln. Diese wiederum ergibt sich aus der
GuV des Jahres 00, ergänzt um geplante Veränderungen für das Jahr 01. Daraus wird
eine Planbilanz 31.12.01 entwickelt. Die Liquidität zum 31.12.01 ergibt sich dann als
Restgröße.

Anfangsbilanz 1.1.01 + Plan - GuV 01 → Endbilanz 31.12.01
Liquidität 1.1.01 + Cash Flow I 01 + Δ Sonst.[1] = Liquidität 31.12.01

[1] Δ Sonst. = Veränderung Lager, Forderungen, Schulden, Darlehen, Investitionen,
Einlagen und Ausschüttungen.

Die Unternehmung plant für das Jahr 01 folgende Änderungen:

1. Lohnkostenanstieg aufgrund der Einstellung   200.000 €
   von 2 Mitarbeitern
2. Mietaufwand reduziert sich, weil ein   120.000 €
   Bürogebäude nicht mehr benötigt wird
3. Abschreibung: wie bisher   200.000 €
4. Es soll ein Darlehen getilgt werden   300.000 €

Die anderen Positionen sollen gleich bleiben.

Die Gewinn- und Verlustrechnung 01, die Planbilanz 31.12.01 und die geplante Liquidität 31.12.01 ergeben sich dann wie folgt:

Gewinn- und Verlustrechnung 01	
Umsatz	12.000.000
- Erlösschmälerungen	720.000
(Rabatte, Skonto etc.)	
- Materialaufwand	8.500.000
= Rohergebnis	**2.780.000**
- Fixkosten[1]	
Lohnkosten	1.500.000
Mietkosten	380.000
sonst. Betriebskosten	260.000
Abschreibungen	200.000
Marketingkosten	150.000
Zinsaufwand	30.000
= Jahresüberschuss vor Steuer	260.000
Steuer	130.000
= Jahresergebnis nach Steuer	**130.000**

[1] Es wird angenommen, dass die folgenden Kosten fix sind.

Bilanz zum 31.12.01 = Schlussbilanz			
Anlagevermögen	1.800.000	Eigenkapital	730.000
Warenlager	1.200.000	Verbindlichkeiten	500.000
Kundenforderungen	800.000	Bankkontokorrentkredit	1.270.000
		Darlehen	1.300.000
Summe AKTIVA	3.800.000	Summe PASSIVA	3.800.000

Entwicklung der Liquidität = Entwicklung des Bankkontos 31.12.01	
Liquidität 1.1.2001	-1 300.000
+ Ergebnis nach Steuern	130.000
+ Abschreibungen	200.000
- Darlehenstilgung	300.000
= Liquidität 31.12.01	**-1 270.000**

Das aus der Gewinn- und Verlustplanung resultierende Ergebnis nach Steuern erhöht das Eigenkapital, da es nicht ausgeschüttet wird. Die Abschreibung reduziert das Anlagevermögen.

Die Liquidität errechnet sich aus dem Liquiditätsanfangsbestand vom 1.1.00 i. H. v. 1,3 Mio. € Schulden auf dem Kontokorrentkonto zuzüglich dem Ergebnis nach Steuern und der Abschreibung. Es reduziert sich um die Darlehenstilgung, so dass die Liquidität am 31.12.01 – 1,27 Mio. € beträgt. Das Kontokorrentkonto weist demnach ein Soll (Schuldenstand) von 1,27 Mio. € aus.

5.3.2   Finanzierungsarten

▶   *Welche Finanzierungsquellen gibt es und wie können sie genutzt werden?*

Mit dem Finanzierungsbegriff sind sämtliche Formen der Kapitalbeschaffung gemeint. Dazu zählt die Beschaffung von Eigenkapital und Fremdkapital.

Das Eigen- und Fremdkapital kann sowohl von außen zugeführt werden, als auch durch den betrieblichen Leistungsprozess entstehen (vgl. Abb. 5.10). Zur Fremdfinanzierung von **außen** gehören z. B. die Kreditfinanzierung, die Emission von Schuldverschreibungen, die Finanzierung durch Eigenmittel, die dem Unternehmen zugeführten Einlagen bzw. die Beteiligungsfinanzierung (z. B. Aktien, GmbH-Anteile).

Die Kapitalbeschaffung kann jedoch auch durch den betrieblichen Umsatzprozess erfolgen. Stammen die finanziellen Mittel aus dem Umsatzprozess, so spricht man von **Innenfinanzierung**.

So stehen die Umsatzerlöse wieder für die **Reinvestitionen** und zusätzliche Investitionen (Nettoinvestitionen) zur Verfügung. Die Finanzierungsmittel, die sich aus dem Gewinn des Unternehmens ergeben, werden als **Selbstfinanzierung** bezeichnet. Neben diesen Möglichkeiten gibt es noch eine Reihe von anderen Finanzierungsquellen aus dem betrieblichen Bereich. Eine wesentliche ist die Finanzierung durch Pensionsrückstellungen. Sie stellen Aufwand dar, belasten also das Ergebnis des Unternehmens, verbleiben aber meist im Unternehmen. Insbesondere die steuermindernde Wirkung ist eine zusätzliche Finanzquelle.

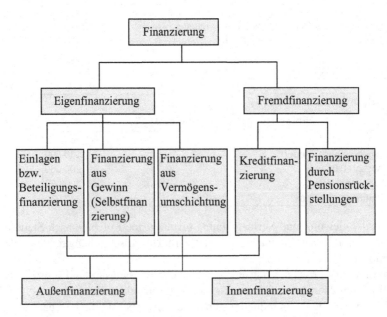

Abb. 5.10 Formen der Kapitalbeschaffung

5.3.3 Außenfinanzierung

5.3.3.1 Eigenfinanzierung

Eigenfinanzierung liegt vor, wenn dem Betrieb durch die Eigentümer (Einzelunternehmer), Miteigentümer (Personengesellschaften) oder Anteilseigner (Kapitalgesellschaften) Eigenkapital von außen zugeführt wird.

Das Eigenkapital entspricht der Differenz zwischen Vermögen und Schulden und wird auch Reinvermögen genannt. Die Art der Bilanzierung hängt von der Rechtsform der Unternehmung ab. Bei Personengesellschaften bestehen keine Vorschriften über eine Mindesthöhe des Eigenkapitals. Bei Aktiengesellschaften ist ein nominell fest gebundenes Grundkapital von mindestens 50.000 € und bei GmbHs ein nominell fest gebundenes Stammkapital von mindestens 25.000 € als Haftungsuntergrenze erforderlich.

5.3.3.2 Fremdfinanzierung

Die Arten des Fremdkapitals lassen sich nach verschiedenen Kriterien einteilen:

- Nach der **Herkunft des Kapitals**:
  Bankkredite (Darlehen, Kontokorrent, Diskontkredit etc.)
  Wertpapiere (verbriefte Verbindlichkeiten)
  Kredite von Privatpersonen oder Unternehmen
  Lieferantenkredite (Verbindlichkeiten aus Lieferungen und Leistungen)
  Kundenkredite (Anzahlungen)
  Kredite der öffentlichen Hand (Förderkredite der Kreditanstalt für Wiederaufbau etc.)

- Nach der **Dauer der Kapitalüberlassung**:
  kurzfristige Kredite: bis zu einem Jahr
  mittelfristige Kredite: bis fünf Jahre
  langfristige Kredite: über fünf Jahre

- Nach der **rechtlichen Sicherung**:
  schuldrechtlich: Bürgschaft, Garantie, Forderungsabtretung
  sachenrechtlich: Grundpfandrechte (Grundschuld, Hypothek)
  Pfandrechte
  Sicherungsübereignung
  Eigentumsvorbehalt

Kurzfristige Fremdfinanzierung

Grundsätzlich ist eine kurzfristige Fremdfinanzierung auf drei Arten möglich: durch vom Lieferanten eingeräumte Zahlungsziele (Lieferantenkredit), durch Anzahlungen von Kunden und durch kurzfristige Kredite der Bank.

Kontokorrentkredit

Der Kontokorrent ist der häufigste kurzfristige Bankkredit. Der Kredit entsteht mit der Abwicklung des Zahlungsverkehrs. Er wird in Form eines Höchstbetragslimits mit der Bank vereinbart. Das Konto kann variabel in Anspruch genommen werden, d. h. der Saldo kann sich jeden Tag ändern. In der Regel ist diese Kreditform relativ teuer. Die Zinsen sind nicht fest vereinbart, sondern passen sich den Marktgegebenheiten am Geldmarkt an. Guthabenzinsen werden auf dem Konto selten und dann nur in geringer Höhe gewährt.

Das Konto dient der Sicherung der Zahlungsbereitschaft und soll Spitzenbelastungen des Liquiditätsbedarfes abdecken. Es wird insbesondere auch dazu genutzt, um von Lieferanten eingeräumtes Skonto auszunutzen.

Lieferantenkredit

Der Lieferantenkredit entsteht, wenn der Lieferant dem Abnehmer ein Zahlungsziel einräumt, d. h. ihm erlaubt, erst in zwei oder drei Wochen zu zahlen. Der Lieferantenkredit ist ein Mittel der Absatzförderung. Wenn der Lieferant kein Skonto einräumt, dann ist der Lieferantenkredit der billigste, weil kostenlose, kurzfristige Kredit. Räumt der Lieferant dagegen Skonto ein, so muss man errechnen, ob der entgangene Nutzen des Skonto nicht größer ist als die Finanzierungskosten für den Kontokorrentkredit.

Beispiel

Ein Lieferant räumt ein Zahlungsziel von 30 Tagen ein und gewährt aber bei Barzahlung ein sofortiges Skonto von 3 %. In diesem Fall entspricht der Skontobetrag von 3 % einer Jahresverzinsung von 36 % (3 % für einen Monat entspricht 36 % pro Jahr). Der Kontokorrentkredit mit angenommenen 10 % ist dagegen wesentlich günstiger. Man würde also sofort 97 % des Kaufpreises bezahlen und diesen über das Kontokorrentkonto finanzieren.

Anzahlungen

Anzahlungen sind in bestimmten Wirtschaftszweigen üblich, z. B. im Anlagenbau, Schiffbau, Wohnungsbau etc. Diese Anzahlungen sind dafür gedacht, dass der Produzent die Vorprodukte einkaufen und mit der Fertigung beginnen kann. Meist werden Anzahlungen in Tranchen (Abschnitten) durchgeführt. Anzahlungen stehen den Lieferanten meist kostenlos zur Verfügung und verbessern seine Liquidität. Ob nun Anzahlungen vereinbart werden, hängt allein von der Verteilung der Marktmacht zwischen Lieferant und Kunde ab.

Langfristige Fremdfinanzierung

Darlehen

Darlehen sind mittel- oder langfristige Kredite, die für die Anschaffung von langlebigen Wirtschaftsgütern benötigt werden. Beispielsweise für den Kauf einer Maschine, die viele Jahre produzieren soll, oder für den Erwerb eines Hauses oder Grundstückes. Diese Darlehen werden meist besonders gesichert. Für Maschinen wird häufig die Sicherungsübereignung vereinbart, d. h., die Bank wird Eigentümer der Maschine und das Unternehmen kann die Maschine trotzdem weiter nutzen. Wenn das Darlehen getilgt ist, wird der Unternehmer wieder Eigentümer. Beim Kauf von Immobilien wird i. d. R. ein Grundpfandrecht (= Grundschuld) im Grundbuch eingetragen. Die Bank erwirbt damit das Recht, das Grundstück zu verwerten, also die Zwangsversteigerung einzuleiten, wenn der Schuldner (Eigentümer des Hauses) die Darlehensvereinbarungen nicht einhält.

Industrieobligation
Es handelt sich hierbei um Wertpapiere, die von größeren Aktiengesellschaften begeben werden, um Fremdkapital einzusammeln. Die Emission solcher Teilschuldverschreibungen hat mehrere Vorteile. Zum einen sind die Kosten für das Unternehmen erheblich geringer, als wenn es einen Kredit aufnehmen würde (Risikomarge für die Bank fällt weg). Zum anderen wird es Anlegern ermöglicht, über dieses Instrument auch kleinere Beträge an Unternehmen auszuleihen. Häufig sind Banken auch nicht in der Lage oder nicht willens, solche großen Fremdkapitalvolumina in Form von Krediten zu vergeben. Diese Schuldverschreibungen können die unterschiedlichsten Konditionen aufweisen. Das Entgelt für den Kauf eines solchen Wertpapiers, i. d. R. ein fester oder variabler Zins, richtet sich zum einen nach der Bonität des Schuldners (also des Unternehmens) und zum anderen an den allgemeinen Kapitalmarktgegebenheiten aus.

5.3.4 Innenfinanzierung

Neben den von außen zugeführten Finanzmitteln muss sich eine Unternehmung auch durch den betrieblichen Umsatzprozess, also von innen finanzieren. Dies geschieht z. B. durch das Einbehalten von Gewinnen (**Selbstfinanzierung**), durch Bildung von Pensionsrückstellungen oder durch Freisetzung von Abschreibungsgegenwerten.

5.3.4.1 Offene und stille Selbstfinanzierung

Die Selbstfinanzierung ergibt sich aus der Differenz zwischen betriebswirtschaftlichem Gewinn und Ausschüttung. Unter betriebswirtschaftlichem Gewinn wird der maximal entziehbare Betrag als Resteinnahmeüberschuss definiert, der verbleibt, wenn zuvor alle Investitionsmaßnahmen durchgeführt worden sind, die dem Unternehmen ein gleiches Einkommen sichern.

Unter offener Selbstfinanzierung wird verstanden, dass Bilanzgewinne nicht ausgeschüttet werden und das Eigenkapital sich dadurch (bei Personengesellschaften und Einzelfirmen die variablen Eigenkapitalkonten, bei Kapitalgesellschaften die Gewinnrücklagen) erhöht.

Stille Selbstfinanzierung erfolgt über die Bildung stiller Reserven, d.h., durch Bewertungs-
maßnahmen werden die Bilanzpositionen nicht erhöht, obwohl die Werte zugenommen haben.
Hat beispielsweise eine Bank im Jahr 1960 ein großes Bürohaus in München erworben, so
werden die Anschaffungskosten in der Bilanz der Bank ausgewiesen. In den letzten vier Jahr-
zehnten ist jedoch der Wert dieses Objektes um ein Vielfaches gestiegen. Diese Wertsteige-
rung findet seinen Niederschlag nicht in der Bilanz und ist deshalb stille Selbstfinanzierung.
Die stille Selbstfinanzierung hat gegenüber der offenen den Vorteil, dass dafür keine Steuern
gezahlt werden müssen. Es handelt sich hier also um eine Art der Steuerstundung.

5.3.4.2 Finanzierung aus Pensionsrückstellungen

Viele Unternehmen haben sich gegenüber ihren Arbeitnehmern verpflichtet, eine Alten-
und/oder Invalidenversorgung zu gewährleisten. Das Unternehmen kann dann über Pensionsrückstellungen, die an sich Fremdkapital darstellen, seinen Gewinn mindern. Es
handelt sich also um Fremdkapital, das aber nicht von außen zugeführt wurde.

Der Finanzierungseffekt liegt im Wesentlichen darin, dass

- die vermögensmäßigen Gegenwerte bis zur Auszahlung der Pensionen im Betrieb verbleiben,
- der Gewinn kleiner ist, also Steuern gespart werden.

5.3.4.3 Finanzierung aus Abschreibungen

Die Abschreibung hat die betriebswirtschaftliche Funktion, die Anschaffungs- und Herstellungskosten von Wirtschaftsgütern auf die Jahre der Nutzung zu verteilen. Sie macht
die Desinvestition in Form eines Aktivtausches sichtbar (Anlagevermögen reduziert sich
und gleichzeitig nehmen die Forderungen bzw. Kasse zu, dies unter der Voraussetzung,
dass die Erlöse mindestens so hoch sind wie die Abschreibung). Die Abschreibungen ver-
mindern den Gewinn, reduzieren jedoch nicht die zur Verfügung stehenden Finanzmittel,
weil das Geld ja nicht ausgezahlt wurde.

5.4   Investition

▶ *Welche Gesichtspunkte müssen beachtet werden bei der Beurteilung einer
   Investition?*

Investition ist die zeitliche Bindung von Sach- und Finanzmitteln für unternehmens-
spezifische Zwecke.

Die wichtigsten Aspekte einer Investitionsentscheidung sind die Fragen nach (Perridon
und Steiner 2016)

- der **Rentabilität**: Führt die Investition zu zusätzlichen Gewinnen?
- der **Risikoträchtigkeit**: Welche Risiken (z. B. Kosten) sind mit der Investition verbunden?
- der **Finanzierbarkeit**: Ist überhaupt genug Geld in der Kasse oder habe ich genügend Kreditspielraum, um die Anschaffung zu finanzieren?

5.4.1 Investitionsarten

Man kann Investitionen nach zwei Kriterien einteilen, entweder nach den Vermögensgegenständen (vgl. Abb. 5.11) oder nach dem Zweck (vgl. Abb. 5.12).

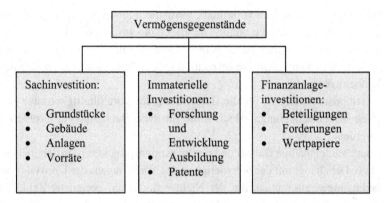

Abb. 5.11 Investitionsarten

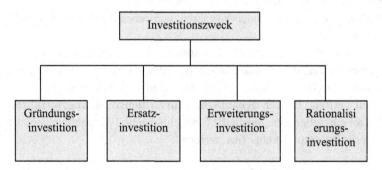

Abb. 5.12 Investitionszwecke

5.4.2 Investitionsrechnung

Investitionsentscheidungen haben, soweit es sich um Gegenstände handelt, die hohe Anschaffungs- oder Folgekosten verursachen, oder Personalentscheidungen mit großer Bedeutung betroffen sind, häufig strategische Bedeutung, weil:

- sie eine hohe Geldausgabe verursachen,
- die zur Verfügung stehenden Finanzmittel knapp sind,
- sie nur schwer wieder rückgängig gemacht werden können,
- die Unsicherheiten über die Umwelt- und Unternehmensentwicklung groß sind,
- zwischen der Entscheidung und der tatsächlichen Ausgabe für die Investition oft lange Zeiträume liegen, eine Entscheidung im Geldausgabezeitpunkt jedoch vielleicht anders getroffen würde.

Eine Investition ist grundsätzlich vorteilhaft, wenn die Summe der durch das Investitionsobjekt erzielten Einzahlungen die Summe der durch das Investitionsobjekt erfolgten Auszahlungen übersteigt. In der Summe muss mehr Geld mit einer Investition verdient werden als sie gekostet hat. Zudem muss die Investition eine angemessene Verzinsung des eingesetzten Geldbetrages erzielen.

Die Investitionsrechnung ist für die Berechnung der Vorteilhaftigkeit, nur ein Schritt auf dem Weg zur Entscheidung. Jedoch sollte für diese Rechnung ein Großteil der Zeit investiert werden.

Eine genaue zahlenmäßige Darstellung des Investitionsprojektes ist in den meisten Fällen nicht möglich. Dies hängt mit der Schwierigkeit des Vorhersagens der Umwelt- und Unternehmensbedingungen zusammen, mit der Nichtverfügbarkeit geeigneter Zahlen, mit der Schwierigkeit, nicht in Zahlen fassbare Aspekte mit einzubeziehen, und nicht zuletzt auch mit der Notwendigkeit, unternehmenspolitische Aspekte in geeigneter Weise zu integrieren.

Ein herausragender Vorteil der Durchführung von Kalkulationsverfahren (Rechenverfahren) ist jedoch, dass man sich mit der Materie detailliert beschäftigen muss. Nur so werden Probleme, Risiken und Unwägbarkeiten deutlich.

Abb. 5.13 zeigt die verschiedenen Verfahren, von denen hier aber nur einige behandelt werden sollen.

Es können statische und dynamische Investitionsrechenverfahren unterschieden werden.

Die **statischen Verfahren** sind dadurch gekennzeichnet, dass eine Berücksichtigung des Zeitfaktors von in der Zukunft anfallenden Ein- und Auszahlungen nicht oder nur unvollkommen erfolgt. Bei den **dynamischen Investitionsrechnungsverfahren** wird die Zeit als Faktor miteinbezogen, indem die Einzahlungen und Auszahlungen in der Zukunft auf den Investitionszeitpunkt abgezinst werden.

5.4.2.1 Kostenvergleichsverfahren
Dieses Verfahren stellt laufende Betriebskosten inkl. kalkulatorischer Kosten für verschiedene Investitionsalternativen einander gegenüber. Die Kostenunterschiede zwischen den Alternativen zeigen dann die Vorteilhaftigkeit bei Ersatz- bzw. Erweiterungsinvestitionen auf.

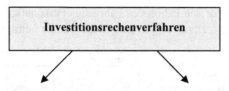

Statische Verfahren:
- Kostenvergleichsrechnung
- Gewinnvergleichsrechnung
- Rentabilitätsrechnung
- Amortisationsvergleichsrechnung

Dynamische Verfahren:
- Kapitalwertmethode
- Interne-Zinsfuß- Methode
- Amortisationsmethode
- Annuitätenmethode

Abb. 5.13 Investitionsrechenverfahren

Die Investition in eine Anlage ist vorteilhaft, wenn

$$\text{Kosten der Alternative}_2 < \text{Kosten der Alternative}_1$$

K_1 = Kosten der Investitionsalternative 1 (z. B. Kosten einer **bestehenden Anlage**)
K_2 = Kosten der Investitionsalternative 2 (z. B. Kosten **der neuen Anlage**)

Verglichen werden die pro Periode anfallenden Lohn-, Energie-, Instandhaltungs-, Abschreibungs- und Zinskosten. Entsprechen sich die Kapazitäten der verglichenen Investitionsobjekte nicht, so muss an der Stelle des Periodenkostenvergleichs ein Stückkostenvergleich treten. Hier stellt sich die Frage der Auslastung der Maschine. Eine neue Maschine wird möglicherweise erst wirtschaftlich arbeiten, wenn eine bestimmte Ausbringungsmenge erzielt wird. Bei geringeren Ausbringungsmengen ist aber evtl. die alte Maschine wirtschaftlicher.

Beispiel

Die Flitzer GmbH beabsichtigt, einen neuen Mini-LKW zu kaufen. Sie hat die Auswahl zwischen drei Wagentypen, die unterschiedlich hohe Anschaffungspreise haben. Der Restwert nach der Abschreibungsdauer von fünf Jahren ist aber bei allen Fahrzeugen gleich. Folgende Angaben über die Kosten sind vorhanden:

	Anschaffungs-kosten	Afa pro Jahr	Restwert nach 5 Jahren	Verbrauch (Liter/100 km)
Fahrzeug 1	45.000	9.000	20.000	11,00
Fahrzeug 2	55.000	11.000	20.000	10,00
Fahrzeug 3	55.000	11.000	20.000	7,50

Kostenarten	Autotypen		
	I	II	III
Fixkosten p.a.			
KFZ-Steuer	370	420	330
Versicherungen	850	950	850
Gesamt	1.220	1.370	1.180

Außerdem werden für den Fahrer des Fahrzeugs Personalkosten von insgesamt 1500 € pro Monat kalkuliert. Der Preis pro Liter Superbenzin beträgt 1,30 €.

	Kosten pro km in €								
	Autotyp I			Autotyp II			Autotyp III		
Fahrleistung	fixe	variable	Gesamt	fixe	variable	Gesamt	fixe	variable	Gesamt
10000	2,82	0,14	2,97	3,04	0,13	3,17	3,02	0,10	3,12
15000	1,88	0,14	2,02	2,02	0,13	2,15	2,01	0,10	2,11
20000	1,41	0,14	1,55	1,52	0,13	1,65	1,51	0,10	1,61
25000	1,13	0,14	1,27	1,21	0,13	1,34	1,21	0,10	1,30
30000	0,94	0,14	1,08	1,01	0,13	1,14	1,01	0,10	1,10
35000	0,81	0,14	0,95	0,87	0,13	1,00	0,86	0,10	0,96
40000	0,71	0,14	0,85	0,76	0,13	0,89	0,75	0,10	0,85
45000	0,63	0,14	0,77	0,67	0,13	0,80	0,67	0,10	0,77
50000	0,56	0,14	0,71	0,61	0,13	0,74	0,60	0,10	0,70
55000	0,51	0,14	0,66	0,55	0,13	0,68	0,55	0,10	0,65
60000	0,47	0,14	0,61	0,51	0,13	0,64	0,50	0,10	0,60
65000	0,43	0,14	0,58	0,47	0,13	0,60	0,46	0,10	0,56
70000	0,40	0,14	0,55	0,43	0,13	0,56	0,43	0,10	0,53

Die Kosten pro Kilometer sind zwar beim Fahrzeug 1 bei geringen Fahrtstrecken am geringsten. Ab einer bestimmten Kilometerleistung ist jedoch Fahrzeugtyp III am kostengünstigsten pro gefahrenen Kilometer.

Kritik an der Kostenvergleichsmethode

- Die Methode kann nur für Aufgabenstellungen verwendet werden, die eine sehr **kurze Investitionsdauer** beinhalten. Wann die Auszahlungen anfallen, wird nämlich nicht berücksichtigt.
- Die Methode sagt **nichts über** die Verzinsung des eingesetzten Kapitals, d. h. über die **Rentabilität** aus.

5.4.2.2 Statisches Amortisationsverfahren

Die Amortisationsrechnung (pay-back-period-calculation oder auch pay-off-period-calculation genannt) wird in der Praxis häufig verwendet. Die Amortisationsdauer (Wiedergewinnungszeitraum) ist leicht zu errechnen. Die Formel lautet:

$$\text{Amortisationsdauer} = \frac{\text{Kapitaleinsatz (€)}}{\text{durchschn.jährliche Wiedergewinnung (€)}}$$

Die durchschnittliche jährliche Wiedergewinnung ergibt sich z. B. aus dem durchschnittlichen Einzahlungsüberschuss p. a. Stehen mehrere Investitionsalternativen zur Wahl, so ist diejenige zu wählen, die die kürzeste Amortisationsdauer hat.

Beispiel

Eine Lackiermaschine kostet 120.000 €. Ihre Nutzungsdauer beträgt acht Jahre. Es ergibt sich eine Kosteneinsparung gegenüber anderen Alternativen in Höhe von 40.000 € p.a. Die Amortisationsdauer beträgt

$$\frac{120.000}{40.000} = 3 \text{ Jahre}$$

Das Amortisationsverfahren gibt in erster Linie darüber Auskunft, wie lange es dauert, bis das investierte Kapital wieder zurückverdient wird. Das Ergebnis ist also ein Gradmesser für die **Risikohaftigkeit einer Investition**. Je höher der Investor die Risiken des Investitionsprojektes einschätzt, desto kürzer wird er die erforderliche Soll-Amortisationszeit, also den Zeitraum, in dem das investierte Kapital wieder verdient werden muss, ansetzen.

In der Industrie wird häufig eine Soll-Amortisationszeit von max. drei bis vier Jahren als Entscheidungskriterium verwendet.

Im Vergleich dazu wird in einer Arztpraxis die Amortisationsdauer z. B. eines Ultraschallgerätes i. d. R. nicht länger als ein Jahr sein.

Beispiel

Der Produktionschef der Flitzer AG beabsichtigt eine neue Fertigungsstraße für die Fahrradrahmen zu erwerben. Diese Investition würde eine Ausgabe i. H. v. 400.000 € verursachen. Die geschätzte Lebensdauer der Maschinen wird ca. acht Jahre betragen.

Durch die zusätzliche Anlage können Mehrumsätze und damit Einnahmenüberschüsse erwirtschaftet werden:

Jahr 1:   80.000 €
Jahr 2:   120.000 €
Jahr 3:   110.000 €
Jahr 4:   90.000 €
Jahr 5 – 8:   120.000 € jeweils

Kritikpunkte

- Die Soll-Amortisationszeit beruht auf der subjektiven Einschätzung des Investors.
- Eine Kapitalrentabilität wird nicht errechnet.
- Auch dieses Verfahren berücksichtigt nicht, wann die Ein- und Auszahlungen stattfinden.
- Das Verfahren geht davon aus, dass die Zurechnung von Einzahlungen zu einzelnen Investitionsobjekten möglich ist.

5.4.2.3 Kapitalwertmethode

Die finanzmathematischen Methoden der Investitionsrechnung haben gegenüber den vorher genannten statischen Verfahren den Vorteil, dass sie nicht nur für Investitionen mit kurzer Lebensdauer, sondern für langfristige Investitionen geeignet sind. Die oben aufgezeigten statischen Methoden führen bei Investitionen, die länger als zwei Jahre genutzt werden sollen, zu falschen Ergebnissen.

Als Basis der dynamischen Verfahren dient eine Einzahlungs- und Auszahlungsreihe während des Zeitraums. Die Auszahlungen setzen sich zusammen aus den Anschaffungsauszahlungen und den laufenden Auszahlungen für das Projekt. Die Einzahlungen ergeben sich aus dem Umsatz der mit dem Investitionsprojekt produzierten Leistungen.

Am besten lässt sich die Logik dieser dynamischen Rechnung mit einem Beispiel aus dem täglichen Leben beschreiben:

Nehmen wir an, Ihr Chef stellt Ihnen frei, das Gehalt am Anfang des Monats (Alternative I) oder am Ende (Alternative II) ausbezahlt zu bekommen. Es liegt an Ihnen, sich für die erste oder zweite Alternative zu entscheiden.

Die entscheidende Frage für Sie ist nun: Ist das Geld am Anfang oder am Ende des Monats für mich „mehr wert"? Um die Vorteilhaftigkeit einer der beiden Alternativen beurteilen zu können, müssen Sie sie vergleichbar machen. D. h. Sie müssen errechnen, wie viel ist das am Ende des Monats (Alternative II) ausgezahlte Arbeitsentgelt am Anfang des Monats wert, damit Sie es mit der Alternative I vergleichen können, oder Sie müssen errechnen, wie viel ist das am Anfang des Monats ausgezahlte Geld am Ende des Monats wert, damit Sie es mit der Alternative II vergleichen können.

Beispiel

Also nehmen wir an, Sie verdienen im Monat 4000 €.

Vergleich 1: Wenn Sie das Gehalt am Anfang des Monats erhalten, dann können Sie es zu fünf Prozent Jahreszins (Annahme) bis zum Ende des Monats anlegen. Im Ergebnis haben Sie dann 4016,7 € (fünf Prozent Jahreszins entspricht 0,417 % Monatszins multipliziert mit 4000 € = 16,7 €). Das am Anfang des Monats ausgezahlte Geld ist also am Ende des Monats 16,7 € mehr wert als das am Ende ausgezahlte Arbeitsentgelt. Dieses Verfahren nennt man **Aufzinsen** und den Betrag 4016,7 € den **Zukunftswert**.

Vergleich 2: Sie können aber natürlich auch das Gehalt, das Sie am Anfang des Monats erhalten, mit dem Gehalt am Ende des Monats vergleichen. Dazu müssen Sie die 4000 €, die ja am Ende des Monats erst gezahlt werden, **abzinsen,** denn das Geld ist ja – wie wir gesehen haben – am Ende des Monats weniger wert.

Die am Ende gezahlten 4000 € sind am 1. des Monats 3983,3 € wert (4000 € geteilt durch 1 + 0,00417 Monatszins). Auch hier zeigt sich, dass das am Anfang gezahlte Gehalt für den Arbeitnehmer um 16,7 € vorteilhafter ist. Der Betrag 3983,3 wird auch **Barwert** oder **Gegenwartswert** eines in der Zukunft gezahlten Betrages genannt. Wir werden diesen Begriff im Weiteren verwenden.

Alle dynamischen Investitionsverfahren bauen auf dieser Gedankenwelt auf. Deswegen ist es sehr wichtig, dass diese Auf- und Abzinsungsvorgänge verstanden werden.

> Der Kapitalwert ist die Differenz zwischen dem Barwert (Gegenwartswert) der künftigen Einzahlungsüberschüsse und der Anschaffungsauszahlungen für die Investition.

Barwert ist der Wert einer in der Zukunft liegenden Zahlung im Investitionszeitpunkt t_0, der durch Abzinsung berechnet wird (Abb. 5.14).

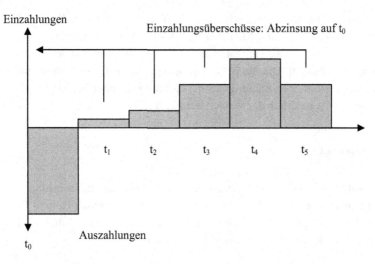

Abb. 5.14 Das dynamische Investitionskalkül

Abzinsungsfaktor ist der so genannte Barwertfaktor:

$$\frac{1}{\left(1+i\right)^t}$$

Die Kapitalwertmethode zinst alle Einzahlungsüberschüsse, die in zukünftigen Perioden anfallen, mit einem geeigneten Kalkulationszinsfuß (i) auf den Investitionszeitpunkt t_0 ab. Das gleiche gilt ebenso für den **Restwert** (Liquidationserlös).

Ist der Kapitalwert (KW) gleich 0, dann heißt das, die Einzahlungsüberschüsse reichen gerade aus, um den Kapitaleinsatz zu tilgen und mit dem Kalkulationszinsfuß zu verzinsen.

Ein positiver Kapitalwert besagt, dass das eingesetzte Kapital durch die Einzahlungsüberschüsse getilgt wurde, der erforderliche Mindestzinssatz (**Kalkulationszinsfuß**) erwirtschaftet worden ist und darüber hinaus noch ein positiver Wert verbleibt.

$$KW = -A_0 + E\ddot{U}x\frac{1}{1+i} + E\ddot{U}x\frac{1}{\left(1+i\right)^2} + E\ddot{U}x\frac{1}{\left(1+i\right)^3} + \cdots + E\ddot{U}_n\,x\frac{1}{\left(1+i\right)^n} + R_n x\frac{1}{\left(1+i\right)^n}$$

KW = Kapitalwert

$E\ddot{U}_t$ = Einzahlungsüberschuss der Periode t

$i = \dfrac{\text{Kalkulationszinsfuß}}{100}$

R_n = Restwert der Investition in der Periode n

A_0 = Anschaffungsauszahlung

Die Kapitalwertmethode berücksichtigt die zeitlichen Unterschiede und die absoluten Höhen der jeweiligen Ein- und Auszahlungen des Investitionsobjektes.

Dies heißt aber nicht, dass sich dadurch die Prognostizierbarkeit der Einzahlungen und Auszahlungen verbessert. Die Methode stellt lediglich **eine bessere Rechenmethode** dar, mit der die angenommenen Zahlungsströme und **ihr zeitlicher Anfall** bearbeitet werden. Ebenso unsicher ist natürlich der verwendete Zinsfuß.

5.5   Beispiel

Herr Flitzer steht nun vor der entscheidenden Frage: Lohnt sich die Investition in seine Fahrradproduktion und den Vertrieb. Er fragt den Unternehmensberater Roland Taler, wie man diese Frage beantworten kann, und gibt ihm eine Reihe von Planzahlen für sein Unternehmen.

Gegeben sei eine Investition in eine Maschine mit:

Anschaffungsauszahlung	100.000 €
Jährlichem Einzahlungsüberschuss	40.000 €/Jahr
Restwert	10.000 €
Nutzungsdauer	4 Jahren
Kalkulationszinsfuß	10 %

Wie hoch ist der Kapitalwert der Investition?

Lösung:

Zeitpunkt	Einzahlungsüberschuss	Kalkulationszinsfuß 10 % Abzinsungsfaktor[1]	Barwerte €
	1	2	3=1*2
0	-100.000,00	1,.00000	-100.000,00
1	40.000,00	0,90909	36.363,60
2	40.000,00	0,82645	33.058,00
3	40.000,00	0,75131	30.052,40
4	50.000,00	0,68301	34.150,50
Kapitalwert			33.624,50

1) Der Abzinsungsfaktor errechnet sich wie folgt: Wobei i der Kalkulationszinsfuß ist

$$\text{Abzinsungsfaktor} = \frac{1}{\left(1+i\right)^t}$$

Die Investition würde sich also lohnen. Herr Flitzer geht das Projekt nun mit Zuversicht an.

Literatur

Becker, H., Investition und Finanzierung, Berlin, 7. Aufl. 2016

Perridon, L., Steiner, M., Rathgeber, Finanzwirtschaft der Unternehmung, München, 17. Aufl. 2016

Personalführung 6

Zusammenfassung

Dem Faktor Arbeit kommt zweifelsohne für das Ergebnis der betrieblichen Leistungs-erstellung eine besondere Bedeutung zu. Die Motivation der Mitarbeiter, die Beweg-gründe ihres Handelns, die Wirkungsintensität, zwischenmenschliche Beziehungen, die Erwartungen, berufliche Entwicklungsmöglichkeiten usw. bestimmen mit die Quali-tät und das Zusammenwirken aller eingesetzten Faktoren. Um ein optimales Leistungs-ergebnis bringen zu können, muss die **Personalführung** darauf gerichtet sein, eine bestmögliche **Interessenharmonie** zwischen den Zielen des Unternehmens und den Erwartungen der Mitarbeiter herzustellen.

6.1 Grundlagen

Führung soll verstanden werden als

- **permanente, zielorientierte soziale Einflussnahme** auf das Verhalten von Mit-arbeitern
- **Erfüllung gemeinsamer Aufgaben** (Betriebszweck) in einer strukturierten Arbeitssituation.

Damit soll deutlich werden, dass es nicht mehr allein auf das Initiieren einer Bewegung ankommt (Aktionsverursachung), sondern auf das Begleiten eines Prozesses in eine bestimmte Richtung (Bewegungssteuerung).

© Springer Fachmedien Wiesbaden GmbH 2017

N. Carl et al., *BWL kompakt und verständlich*, DOI 10.1007/978-3-658-17064-6_6

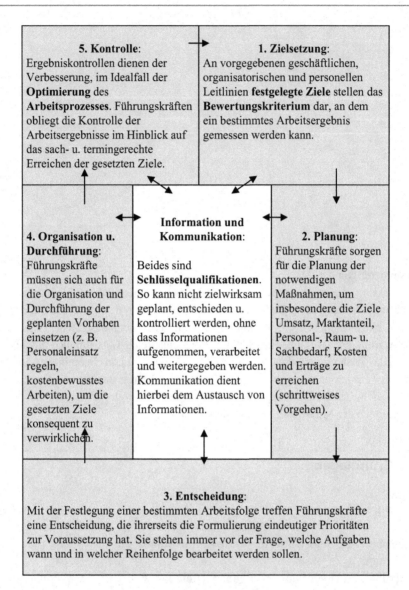

5. Kontrolle:
Ergebniskontrollen dienen der Verbesserung, im Idealfall der **Optimierung** des **Arbeitsprozesses.** Führungskräften obliegt die Kontrolle der Arbeitsergebnisse im Hinblick auf das sach- u. termingerechte Erreichen der gesetzten Ziele.

1. Zielsetzung:
An vorgegebenen geschäftlichen, organisatorischen und personellen Leitlinien **festgelegte Ziele** stellen das **Bewertungskriterium** dar, an dem ein bestimmtes Arbeitsergebnis gemessen werden kann.

4. Organisation u. Durchführung:
Führungskräfte müssen sich auch für die Organisation und Durchführung der geplanten Vorhaben einsetzen (z. B. Personaleinsatz regeln, kostenbewusstes Arbeiten), um die gesetzten Ziele konsequent zu verwirklichen.

Information und Kommunikation:
Beides sind **Schlüsselqualifikationen.** So kann nicht zielwirksam geplant, entschieden u. kontrolliert werden, ohne dass Informationen aufgenommen, verarbeitet und weitergegeben werden. Kommunikation dient hierbei dem Austausch von Informationen.

2. Planung:
Führungskräfte sorgen für die Planung der notwendigen Maßnahmen, um insbesondere die Ziele Umsatz, Marktanteil, Personal-, Raum- u. Sachbedarf, Kosten und Erträge zu erreichen (schrittweises Vorgehen).

3. Entscheidung:
Mit der Festlegung einer bestimmten Arbeitsfolge treffen Führungskräfte eine Entscheidung, die ihrerseits die Formulierung eindeutiger Prioritäten zur Voraussetzung hat. Sie stehen immer vor der Frage, welche Aufgaben wann und in welcher Reihenfolge bearbeitet werden sollen.

Abb. 6.1 Grundlegende Anforderungen an Führungskräfte

Stellt man sich nun die Bewältigung der Aufgaben einer Führungskraft als eine Reihe von verschiedenen Aktivitäten vor, die in einem bestimmten Zusammenhang stehen und in der Regel auch in einer bestimmten Reihenfolge ablaufen, so lassen sich einige **grundlegende Anforderungen** (vgl. Abb. 6.1) darstellen.

6.2   Führungsstile und -prinzipien

▶   *Wie setzen bestimmte Führungsstile die beschriebenen Führungsaufgaben in der Praxis um?*

> Mit **Führungsstile** sind **Verhaltensgrundsätze von Vorgesetzten zur Gestaltung der Beziehungen zu ihren Mitarbeitern** gemeint.

Blake/Mouton haben die Leistungs- und Mitarbeiterorientierung als Führungsdimension in einem **Verhaltensgitter** abgebildet (vgl. Blake und Mouton 1986, Abb. 6.2).

Das Koordinatensystem enthält auf beiden Achsen Abstufungen von 1–9, so dass sich theoretisch 81 Führungsstile unterscheiden lassen. Beschrieben werden von den Verfassern jedoch nur die eingetragenen fünf Führungsstile (sog. Schlüssel-Führungsverhalten):

- **1.1**: Mangelndes Interesse an den persönlichen Belangen der Mitarbeiter und an der sachlichen Aufgabenführung. Ziele des Führenden sind Vermeidung von Kritik und Versuch zu überleben. Geringst mögliche Einwirkung auf Arbeitsleistung und Menschen.
- **9.1**: Starke Betonung der Aufgabenerfüllung. Humane Aspekte bleiben außer Betracht.
- **5.5**: Ausgeglichene, mittlere Berücksichtigung humaner und sachlicher Elemente. Zwischen beiden Dimensionen wird ein Kompromiss angestrebt.
- **1.9**: Sorgfältige Beachtung der zwischenmenschlichen Beziehungen. Sie werden als leistungsbestimmend angesehen.
- **9.9**: Mitarbeiter und Leistung werden mit gleicher, sehr hoher Intensität berücksichtigt.

Die Variante 9.9 wird als einzig optimaler Führungsstil empfohlen.

▶   *Wie setzen bestimmte Führungsprinzipien die oben beschriebenen Führungsaufgaben in der Praxis um?*

Neben den unterscheidbaren Führungs**stilen** existieren auch Führungs**prinzipien**. Sie bieten in erster Linie Lösungen für organisatorische Probleme an, die im Rahmen der Führungsaufgabe entstehen. Sie sollen Führungskräfte von Routinearbeiten entlasten und den Mitarbeitern mehr Rechte und Selbstständigkeit zugestehen. Sie schließen sich in der Regel nicht aus, sondern können auch als **Kombination** nebeneinander angewendet werden (Bröckermann 2009):

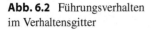

Abb. 6.2 Führungsverhalten im Verhaltensgitter

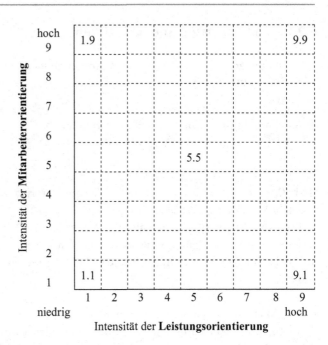

- **Management by Exception**: Es ermöglicht den Mitarbeitern, innerhalb eines ihnen vorgegebenen Rahmens selbstständig Entscheidungen zu treffen. Die Führungskraft greift nur in den, den Mitarbeitern übertragenen Entscheidungsprozess ein, wenn **Abweichungen** von den vereinbarten Zielen drohen oder wenn es sich um für das Unternehmen **außergewöhnlich wichtige** Entscheidungen handelt.
- **Management by Delegation**: Es beinhaltet die Übertragung **eindeutig abgegrenzter Aufgabenbereiche** auf die Mitarbeiter. Innerhalb dieser Aufgabenbereiche kann der einzelne Mitarbeiter selbstständig Entscheidungen treffen und diese anschließend auch realisieren.
- **Management by Objectives**: Es bedeutet **Mitarbeiterführung auf der Grundlage von Zielen**. Die jeweils zu realisierenden Ziele werden von den Mitarbeitern und Führungskräften gemeinsam erarbeitet und festgelegt. Vor- und nachgelagerte Bereiche müssen sich abstimmen. Auf welche Weise die gesteckten Ziele erreicht werden sollen, liegt dann in der Entscheidungskompetenz des Mitarbeiters. Die Kontrolle des Vorgesetzten erstreckt sich lediglich auf den **Grad der Zielerreichung**.

Bei der Vereinbarung von Zielen ist zu berücksichtigen, dass die einzelnen Ebenen jeweils eigene Ziele vereinbaren, die der Arbeitsaufgabe angemessen sind. Letztlich muss gewährleistet sein, dass alle Mitarbeiter bei klaren Verantwortlichkeiten in die gleiche Richtung arbeiten und so alle Aktivitäten zielgerichtet gebündelt werden.

Die Flitzer AG möchte als strategisches Ziel das gesamte Unternehmen nach ISO 9.000 zertifizieren. Dazu müssen eine Vielzahl von Zielen für einzelne Abteilungen, Gruppen und Mitarbeiter aufgestellt werden. Diese Ziele müssen aufeinander aufbauen. Eine Abteilung muss zu einem bestimmten Termin alle Mitarbeiter unterwiesen haben. Eine probeweise Zertifizierung auf Abteilungsebene kann durchgeführt werden. Auf Kostenstellenebene werden die Arbeitsabläufe hundertprozentig festgehalten. Für den einzelnen Mitarbeiter kann dies letztendlich bedeuten, dass er sich Ziele hinsichtlich Verbesserung seiner Qualifikation setzt oder die Aufgaben an seinem Arbeitsplatz dokumentiert.

Beispiel

Bei der Zielfestlegung wäre z. B. an folgende **Ziele** zu denken:
marktorientierte Ziele
(Marktanteile, Auftragsvolumen, angestrebter Umsatz, Kundenzufriedenheit).
Produktivitätsziele
(Personaleinsatz, Mengenziele, Maschinenlaufzeiten, Entwicklungszeiten).
betriebswirtschaftliche Ziele
(Deckungsbeitrag, Kosten, Rendite, Cash flow, Budget).
produktorientierte Ziele
(Qualitätsstandards, Patente, Verbesserungsvorschläge).
bereichs- und mitarbeiterorientierte Ziele
(Fluktuation, Krankenstand, Ausbildungsplätze, gezielte Mitarbeiterförderung wie Rotationen, Aufgabenwechsel).
Die konkrete Zielfestlegung muss im jeweiligen Bereich erfolgen.

Führungsstile und Führungsprinzipien sind natürlich gedankliche Konstruktionen und werden in der Praxis so rein nicht aufzufinden sein. Dennoch erfüllen sie wichtige **Orientierungs- und Ordnungsaufgaben**. Auch stellen sie ein didaktisches Mittel in Fortbildungsseminaren zur **Veranschaulichung** von Führungsproblemen dar.

Hinsichtlich der Fähigkeit eines Vorgesetzten, einen Führungsstil umsetzen zu können, werden soziale Befähigungen zunehmend wichtiger. Hinter dem Schlagwort von der **sozialen Kompetenz** verbirgt sich u. a.

- das Wissen um die entscheidenden **psychologischen** und **gruppendynamischen** Aspekte der Zusammenarbeit von Menschen und
- die Fähigkeit, dieses Wissen in konkreten Situationen **ziel- und mitarbeiterbezogen anwenden** zu können.

6.3   Psychologische Grundlagen

6.3.1   Organisationspsychologische Aspekte der Führung

Führungskräfte müssen heute über eine größere **Sozialkompetenz** verfügen. **Nichtfachliche** Fähigkeiten, **soziale Qualifikationen** werden zunehmend wichtiger. Sie können umschrieben werden als **persönliche Merkmale** wie „Fähigkeit im Umgang mit anderen", „Leistungsorientierung", „Einstellung zu Arbeit und Beruf". Dahinter verbergen sich **Selbstständigkeit, Flexibilität, Verantwortungsbewusstsein, Kontaktfähigkeit, Leistungs- und Lernbereitschaft, Aufstiegsstreben** usw.

▶   *Was hat die betriebliche Organisation mit Personalführung zu tun?*

Personalführung vollzieht sich stets im Rahmen einer bestehenden konkreten Organisation. Deshalb müssen auch organisationspsychologische Erkenntnisse interessieren: Erkenntnisse über das Verhalten von Menschen in Organisationen. Da sich Organisationskonzepte mit Fragen der Führung von Menschen befassen, gehen in Organisationskonzepte immer auch **Persönlichkeitstheorien** ein. Diese Persönlichkeitstheorien wiederum beeinflussen den Führungsstil und das Führungsverhalten maßgeblich (Studienwerk der Frankfurt School of Finance & Management).

Konzept des ökonomischen Menschen

Dieses Konzept reicht zurück bis ins 18./19. Jahrhundert. Es wird von der Annahme ausgegangen, dass der Mensch ausschließlich durch monetäre (geldliche) Anreize zur Leistung zu motivieren ist. Andere menschliche Motive interessierten nicht. Der arbeitende Mensch stellt lediglich ein Produktionsfaktor dar, der dem Gesetz von Angebot und Nachfrage unterworfen ist. Organisationstheoretisch bedeutet dies, dass der Mensch wesentlich passiv, gezielt beeinflussbar und durch die Organisation kontrolliert ist, da die ökonomischen Anreize unter der Kontrolle der Organisation sind. Die Gefühle des Menschen dürfen die wirtschaftlichen Interessen nicht stören. Organisationen können und müssen deshalb so organisiert sein, dass sie die Gefühle kontrollieren. Die Führung der Mitarbeiter hatte bei diesem Konzept nur ein Ziel, die menschliche Arbeit von allen zufälligen und unnötigen Befähigungen zu befreien, damit der Wertschöpfungsprozess optimiert werden kann.

Konzept des sozialen Menschen

Weitere Untersuchungen haben gegenüber dem bisherigen Konzept jedoch ergeben, dass die Arbeitsleistung auch davon beeinflusst wird, **wie** Arbeitnehmer behandelt werden, **wie** sie ihre Arbeit, Mitarbeiter und Vorgesetzte wahrnehmen. Nach dem Konzept des sozialen Menschen findet der Einzelne seine Identität, seine vollkommene Übereinstimmung in der Gruppe. Durch seine sozialen Bedürfnisse ist er grundlegend motiviert. Der Mensch ist empfänglich für sozialen Druck der Kollegen. Er ist vor allem dann durch das Management beeinflussbar, wenn dieses seine sozialen Bedürfnisse (insbesondere nach Anerkennung) befriedigt. Die Human Relations-Bewegung forderte deshalb, diesen Faktor planmäßig in die Organisationsstruktur einzubeziehen. Organisationsstrukturen, die das Konzept des sozialen Menschen berücksichtigen, legen besonderen Wert auf die **Kommunikations- und Informationswege** innerhalb der Organisation. Führungskräfte müssen demnach weniger über technische und/oder kaufmännische, als vielmehr über soziale Fertigkeiten und Techniken verfügen. Dazu gehören der freundliche und herzliche Umgang mit den Mitarbeitern, die Anerkennung guter Leistungen, die Hilfe bei beruflichen und privaten Problemen.

Konzept des komplexen Menschen

Während die beiden bisherigen Konzepte die wirtschaftlichen und sozialen Bedürfnisse der menschlichen Persönlichkeit vereinfachen, hat die moderne Persönlichkeitstheorie inzwischen ein weitaus aufgegliederteres Bild vom Menschen und seinen Bedürfnissen entworfen. Demnach ist der Mensch ein facettenreiches, wandlungsfähiges Geschöpf mit irgendwie hierarchisch geordneten Bedürfnissen, die sich in ihrer Struktur und Anordnung ständig verändern. Der Mensch ist anpassungs- und lernfähig. Er kann sich an unterschiedliche Organisations- und Führungskonzepte gewöhnen. Die Art, die Stärke und der Inhalt der Motivation sind nur einige unter mehreren Einflüssen, aus denen die Zufriedenheit eines Menschen mit seiner Tätigkeit resultiert. Organisations- und Führungskonzepte, die vom Modell des komplexen Menschen ausgehen, stellen den Einzelnen gegenüber der Gruppe in den Mittelpunkt ihrer Überlegung.

6.3.2 Individualpsychologische Aspekte (Motivationspsychologie)

Wenn ein Mensch ein bestimmtes Verhalten zeigt, gibt es für dieses Verhalten einen Grund. Häufig spricht man von **Motivation** als dem Beweggrund des Wollens und Handelns. Die Motivation besitzt zwei Grundeigenschaften: Es wird immer ein bestimmtes Ziel angesteuert. Und dieses bestimmte Ziel wird mit einer hohen Kraft verfolgt. Grundvoraussetzung des motivierten Verhaltens ist das Vorhandensein eines bestimmten Bedürfnisses.

▶ *Auf welche Konzepte, Modelle und Theorien der Motivation kann zurückgegriffen werden?*

Maslows Hierarchie der Bedürfnisse
Der amerikanische Psychologe Maslow hat mit seiner „Hierarchie der Bedürfnisse" die bekannteste und meist diskutierte Strukturierung der menschlichen Motive vorgelegt. Im Mittelpunkt seines Denkens steht der gesunde, nach Selbsterfüllung strebende Mensch, den Maslow als Ganzes, als System zu begreifen versucht. Er entwarf eine **Hierarchie der Bedürfnisse**, bei der die grundlegenden Bedürfnisse (z. B. Nahrung, Kleidung, Behausung) zuerst befriedigt sein müssen, bevor der Mensch sich sog. „höheren" Bedürfnissen (z. B. Kontakt, Kommunikation, Anerkennung) zuwendet. Die Dynamik der Bedürfnishierarchie besteht nun darin, dass der Mensch mit der Befriedigung der Grundbedürfnisse beginnend, sich Stufe für Stufe der Befriedigung der nächsthöheren Bedürfnisklasse zuwendet und schließlich zur Selbstverwirklichung gelangt. Der Mensch widmet demnach sein Leben einzig der Entfaltung aller Möglichkeiten und Fähigkeiten seiner Persönlichkeit. Maslow sieht seine Bedürfnishierarchie als **Orientierungsstruktur**. Überschreitungen einzelner Bedürfnisse sind durchaus möglich. Auch ist die Bewegungsrichtung nicht nur von unten nach oben (Maslow 2002).

McGregors Theorie X
McGregor stellte zwei Menschenbilder, die von ihm als Theorie X und Theorie Y bezeichnet wurden, einander gegenüber. Seine **Theorie X** geht davon aus, dass der Durchschnittsmensch eine angeborene Abneigung gegen Arbeit hat. Deswegen muss er zumeist gezwungen, gelenkt, geführt und mit Strafe bedroht werden, damit er das gesetzte Betriebsziel erreicht. Der daraus abgeleitete autoritäre Führungsstil ist für McGregor allerdings

nicht wirksam und unmenschlich. McGregor stellte diesem Menschenbild ein anderes gegenüber, das er Theorie Y nannte: Arbeitsscheu ist nicht angeboren. Die **Theorie Y** führt zu dem Schluss, dass Kontrolle und Sanktionen durch Vorgesetzte nicht das einzige Mittel sind, jemanden zu bewegen, sich für die Ziele des Unternehmens einzusetzen. Im Allgemeinen sind die Flucht vor Verantwortung, der Mangel an Ehrgeiz und der Drang nach Sicherheit Folgen schlechter Erfahrungen. Sie sind nicht angeborene menschliche Eigenschaften. McGregor geht davon aus, dass der Mensch leistungsfähig und leistungsbereit sein wird, wenn er neben den bereits befriedigten Grundbedürfnissen auch die Bedürfnisse nach Schutz, Vorsorge, Angstfreiheit, nach sozialen Kontakten sowie nach Anerkennung, Status und Achtung in der Arbeit befriedigen kann. Aus **beiden Theorien** schloss er, dass solche Menschen sich träge, passiv und verantwortungsscheu verhalten, die von der Möglichkeit ausgeschlossen sind, bei ihrer Arbeit die in ihnen wachen Bedürfnisse zu befriedigen. Umgekehrt erreichen die Vorgesetzten, die ihre Mitarbeiter als grundsätzlich kreativ und selbstverantwortlich betrachten, dass sie sich in ihrer Arbeit engagieren und ihre Fähigkeiten einsetzen, und dass im Ergebnis sowohl die Leistung als auch die Zufriedenheit steigt (McGregor 1982).

▶   *Was ist für die Personalführung aus den Ergebnissen der Motivationsforschung*
     zu berücksichtigen?

Aus diesen und anderen Motivationsmodellen kann abgeleitet werden, dass

- es vielfältige Bedürfnisse gibt,
- eine Hierarchie der Bedürfnisse besteht,
- die Situation, Umwelt und Persönlichkeit dynamische Einflussgrößen der Motivstruktur im Kontext der Arbeitswelt darstellen,
- durch Motivatoren (Zufriedenmacher wie Anerkennung, Verantwortung usw.) und Hygiene-Faktoren (Unzufriedenmacher wie Arbeitsbedingungen, Arbeitsplatzsicherheit, Beziehung zu den Vorgesetzten, Kollegen usw.) auf die Leistungsmotivation von Mitarbeitern im Betrieb Einfluss genommen werden kann.

Jeder Vorgesetzte sollte deshalb davon ausgehen, dass dem motivierten Verhalten seiner Mitarbeiter eine Vielzahl von unterschiedlichen Bedürfnissen zugrunde liegt, die nicht immer und sofort offensichtlich sind. Da der Mensch die Bedürfnisbefriedigung in einer bestimmten Reihenfolge vornimmt, wird der Vorgesetzte immer feststellen müssen, welches Bedürfnis dem motivierten Verhalten zugrunde liegt. Er wird sich fragen müssen, in welcher Weise er mithelfen kann, die Erwartungen der Mitarbeiter zu erfüllen.

6.3.3   Gruppenpsychologische Aspekte

▶   *Welche Ergebnisse sind für die Personalführung aus der gruppendynamischen*
     Forschung von Bedeutung?

Gruppen werden gebildet, um

- gemeinsame Ziele zu erreichen,
- gemeinsame Erwartungen und Bedürfnisse zu befriedigen.

Man unterscheidet formelle Gruppen und informelle Gruppen.

Formelle Gruppen werden aus einem Organisationssystem der Arbeitsteilung heraus gebildet. Die Beziehungen der Gruppenmitglieder bilden sich durch aufbau- und ablauforganisatorische Regeln. Ihre Größe, ihre Abgrenzung zu anderen Gruppen sowie ihre Aufgaben werden durch die Organisation verbindlich geregelt. Innerhalb der Gruppe werden ausgewiesenen Positionen klare Kompetenzen und Weisungsbefugnisse zugeordnet (Bröckermann 2009).

Menschen verhalten sich aber nur selten planvoll. Beim Überwiegen vom Plan abweichender Beziehungen spricht man häufig von **informellen Gruppen**. Hier haben z. B. formal eingesetzte Vorgesetzte de facto nicht mehr die persönliche und fachliche Autorität, oder es werden Entscheidungsbefugnisse wahrgenommen, die laut Organisationsplan und Stellenbeschreibung nicht gestattet sind. Informelle Gruppen entstehen sowohl als Reaktion auf etwas als auch spontan. Informelle Gruppen sind meist ausgesprochen fest gefügt und zeichnen sich durch langen Bestand aus. Oft bestehen in formellen Gruppen mehrere informelle Gruppen; ebenso können Mitarbeiter verschiedener Gruppen eine informelle Gruppe begründen.

Die Bildung informeller Gruppen wirkt sich **positiv** auf die Bereitschaft zur Kooperation, auf die Identifikation mit dem Unternehmen durch persönliche Beziehungen und auf die Zusammenarbeit einzelner Abteilungen aus. Allerdings können die **negativen** Auswirkungen in einer Verschlechterung des Betriebsklimas und im Sinken der Leistungsbereitschaft bei Widersprüchen gegen formelle Vorgesetzte münden.

Für die Mitarbeiterführung ist es nun wichtig zu wissen, nach welchen Regeln das menschliche Miteinander in einer Gruppe abläuft und unter welchen Bedingungen eine besonders gute Leistung der Arbeitsgruppe zu erwarten ist. Hier hat die **gruppendynamische Forschung** interessante Ergebnisse über die Gruppenmitglieder und die Gruppe anzubieten:

- Wenn mehrere, bisher getrennte Personen in immer häufigeren Kontakt treten, entwickeln sie Sympathien füreinander. Sympathie und Kontakt sind voneinander abhängige Größen.
- Treten Personen in Kontakt miteinander, werden anfänglich besonders die Unterschiede wahrgenommen. Im weiteren Verlauf stellt sich dann meist das Ergebnis ein, dass man einander ähnlich ist. Es tritt ein „Wir"-Gefühl auf.
- Entsteht ein lebhafter Kontakt der Gruppenmitglieder untereinander, sinkt der Kontakt zu Außenstehenden und Angehörigen anderer Gruppen.
- In Gruppen kommt es immer zur Bildung von Rollen. Es gibt keine Gruppe, in der sich nicht nach kurzer Zeit ein Mitglied als Führer herausbildet. Meist bilden sich sogar zwei Führer: der Träger der Tüchtigkeitsrolle und der Träger der Beliebtheitsrolle.

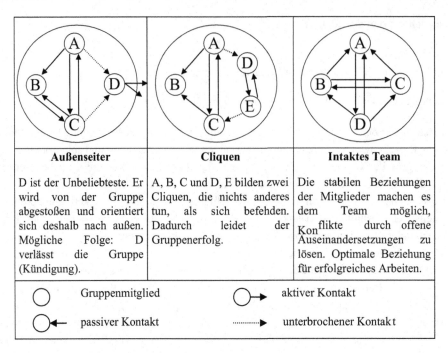

Abb. 6.3 Typische Soziogramme

Mit Hilfe eines **Soziogramms** (vgl. Abb. 6.3) lassen sich die tatsächlichen Strukturen in einer Gruppe ermitteln und grafisch darstellen. Das Verfahren gibt Antworten auf die Frage, mit wem jeder einzelne Gruppenangehörige z. B. auf eine Ferienreise gehen, zusammenarbeiten oder die Unterkunft teilen möchte. Mit Hilfe der erhaltenen Antworten können die Beziehungen der Gruppenmitglieder untereinander grafisch dargestellt werden.

▶ *Welche Konsequenzen ergeben sich für die Personalführung aus der Gruppen-*
psychologie?

- Die Bereitschaft, einen formalen Vorgesetzten anzuerkennen, ist davon abhängig, inwieweit er dauerhaft die Bedürfnisse der Gruppenmitglieder erfüllt.
- Der Vorgesetzte sollte nicht nur rein aufgabenbezogen denken und handeln, sondern ebenso die subjektiven Bedürfnisse der Mitarbeiter berücksichtigen.
- Treten informelle Gruppen auf, sollte der Vorgesetzte die Gründe für das abweichende Verhalten herausfinden und nach Lösungen suchen.

- Vorgesetzte müssen auch die Zusammensetzung der Gruppe überprüfen. Sie müssen Mitarbeiter für verschieden strukturierte Gruppen auswählen, damit die Gruppe nicht am Außenseiter und dieser nicht an der Gruppe leidet.
- Der Vorgesetzte sollte ein Klima der Kooperation fördern, in dem der Vorteil des Einzelnen zugleich dem Wohl der anderen dient und umgekehrt.

6.3.4 Kommunikationspsychologische Aspekte

▶ *WiesointeressierenkommunikationspsychologischeAspektediePersonalführung?*

Für eine konkrete Umsetzung müssen Nachrichten übermittelt werden. Wir müssen uns verständigen, miteinander sprechen, eben kommunizieren. Mitarbeiter sind jedoch in der Regel zunächst nicht bereit, in Gesprächen mit ihren Vorgesetzten die anstehenden Probleme vertrauensvoll zu besprechen. Deshalb steht das **Mitarbeitergespräch** nunmehr im Mittelpunkt der folgenden Ausführungen.

6.3.4.1 Kommunikation als Instrument der Führung

▶ *Wieso stellt das direkte Gespräch ein Führungsinstrument dar?*

Eine Führungsaufgabe (problemlösen, planen, entscheiden, koordinieren, organisieren, delegieren, kontrollieren, beurteilen usw.) ist notwendigerweise an Information und Kommunikation gebunden. Hier sind Beratungen, Berichte, Anweisungen, Diskussionen, Telefonate, Konferenzen, Belehrungen, Kritik, Anerkennung, Beschwerden, Gespräche, Antworten, Fragen usw. notwendig. Für ein erfolgreiches Führungsverhalten erweist sich deshalb die **optimale Gestaltung der zwischenmenschlichen Kommunikationsbeziehungen** als unabdingbar (Bröckermann 2009).

6.3.4.2 Strukturen der Kommunikation

Unter dem Aspekt der Führung interessiert

- zum einen die Frage nach der sozialen Dimension von Kommunikation,
- zum anderen die Frage nach dem interpersonalen Geschehen (das Geschehen zwischen zwei oder mehreren Personen).

Soziale Ausprägung von Kommunikation

Kommunikation ist festgelegt und gelernt und damit soziales Handeln. Jeder Mitarbeiter (und damit auch jede Führungskraft) hat seinen individuellen Führungsstil, da er durch die kulturelle/soziale Herkunft geprägt ist. Dies ist entscheidend für die Fähigkeit, in unterschiedlichen Gesprächssituationen mit Worten und Argumenten angemessen sprechen zu können. Man unterscheidet zwei Sprechweisen:

- **den elaborierten (= hoch entwickelten) Sprachstil** und
- **den restringierten (= eingeschränkten) Sprachstil.**

Mitarbeiter/Führungskräfte, die den **elaborierten Sprachstil** verwenden, formulieren betont sachlich und so individuell und präzise wie möglich. Dabei werden alle lexikalischen und grammatischen Möglichkeiten ausgeschöpft. Man versucht hier, mit der Sprache Einzigartigkeit zu finden.

Beispiel

„Ich bin in kontradiktorischem Gegensatz zu der von Ihnen gerade präsentierten Position." „Ich präferiere die Integration stilistischer Charakteristika der Wort- und Satzebene in widerspruchsfreie semantische Differenziale".

Typisch für den **restringierten Sprachstil** ist die relativ stark eingeschränkte Sprechweise im Hinblick auf Auswahl und Verwendung der insgesamt zur Verfügung stehenden sprachlichen Mittel. Das Bedürfnis, die Besonderheiten von Meinungen und Vorstellungen oder individuelle Absichten möglichst genau in Worte zu fassen, ist nur gering. Besteht dennoch einmal die Notwendigkeit, etwas genau darzustellen, findet dies weitgehend ohne Worte (Körpersprache) statt.

Beispiel

„Ich mag es nicht, wenn Sie sich immer so unverständlich ausdrücken" (Verzieht dabei das Gesicht).

Wenn diese beiden – hier in den Beispielen übertrieben dargestellten – Sprachstile aufeinander treffen, bedeutet das: Sie hören sich, aber sie verstehen sich nicht.

Interpersonales Geschehen der Kommunikation
(Kommunikation **zwischen** zwei oder mehreren Personen) (Watzlawick et al. 2007):
   Neben den unterschiedlichen Sprachstilen spielen Unterstellungen, Erwartungen, Annahmen, Deutungen, Vorurteile und Gefühlslagen ebenso eine Rolle. In diesem Zusammenhang werden für eine **Theorie menschlicher Kommunikation** meistens die **fünf**, von Watzlawick formulierten **Axiome** (= absolut richtig anerkannter Grundsatz) herangezogen (vgl. Abb. 6.4).

Axiome (Formulierung von Watzlawick)	Erklärung
1. „Man kann nicht n i c h t kommunizieren."	**Auch wenn ein Mensch nicht spricht, kommuniziert er. Körpersprachliche Botschaften sind in diesem Zusammenhang von besonderer Bedeutung.**
2. „Jede Kommunikation hat einen Inhalts- und einen Beziehungsaspekt, derart, dass letzterer den ersten bestimmt und daher eine Metakommunikation ist."	**Mit seinen Formulierungen, dem Tonfall, der Mimik und Gestik signalisiert der Mensch seinem Gesprächspartner, was er von ihm hält und wie seine Aussage gemeint ist. Insofern bestimmt die Beziehung den Inhalt.**
3. „Die Natur einer Beziehung ist durch die Interpunktion der Kommunikationsabläufe seitens der Partner bestimmt."	**Jede Aktion des einen Partners löst eine bestimmte Reaktion des anderen Partners aus.**
4. „Menschliche Kommunikation bedient sich digitaler und analoger Modalitäten. **Digitale** Kommunikationen haben eine komplexe und vielseitige logische Syntax, aber eine auf dem Gebiet der Beziehungen unzulängliche Semantik. **Analoge** Kommunikationen dagegen besitzen dieses semantische Potenzial, ermangeln aber die für eindeutige Kommunikation erforderliche Syntax."	**Worte erfolgen im Großen und Ganzen in Stufen/Schritten (= digital), sind abgestuft,** **Körpersprache ist in den meisten Fällen ähnlich/gleichartig (= analog).** Syntax: Lehre vom Bau des Satzes. Semantik: Bedeutung, Inhalt (eines Wortes, Satzes oder Textes).
5. „Menschliche Kommunikationsabläufe sind entweder symmetrisch oder komplementär, je nachdem, ob die Beziehung zwischen den Partnern auf Gleichheit oder Unterschiedlichkeit beruht."	**Gesprächspartner kommunizieren gleichmäßig (= symmetrisch), wenn sie grundsätzlich die gleichen Möglichkeiten der Mitteilung haben (z. B. Freunde, Kollegen). A darf B einen Faulpelz nennen, und B darf dies auch zu A sagen.** **Eine auf Unterschiedlichkeit beruhende Beziehung führt zu einem Über- und Unterordnungsverhältnis (Vorgesetzter/Mitarbeiter).**

Abb. 6.4 Fünf Axiome der Theorie menschlicher Kommunikation

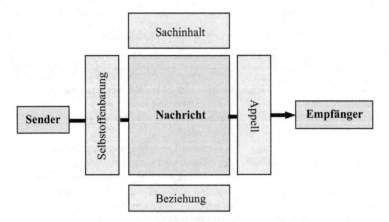

Abb. 6.5   Nachrichtenquadrat (Modell der Vierseitigkeit von Nachrichten)

Auf dieser Theorie hat dann **Schulz von Thun** ein **Modell der menschlichen Kommunikation** entwickelt (**Nachrichtenquadrat**).

Nach Schulz von Thun enthält jede Nachricht immer die vier Komponenten: Sachinhalt, Selbstoffenbarung, Beziehung und Appell.

Damit nun **keine** Kommunikations**störungen** auftreten, muss der **Sender** alle vier Seiten beherrschen. Es nützt wenig, einerseits sachlich recht zu haben, andererseits auf der Beziehungsseite Unheil zu stiften. Umgekehrt möchte der Nachrichten**empfänger** mitbekommen, welche Botschaften auf allen vier Seiten der Nachricht enthalten sind, damit er bewusst darauf reagieren kann (Schulz v. Thun 2007).

Treten nun **Vorgesetzte und Mitarbeiter** in einen **Dialog**, kommt es zwischen den beiden Gesprächspartnern zu einer dauernden Abfolge von Aktionen und Reaktionen. Dabei senden beide immer gleichzeitig auf allen Kanälen. Allerdings besitzen die meisten Menschen einseitige Empfangsgewohnheiten, d. h. die vier Seiten werden in einem unterschiedlichen empfindsamen Maße wahrgenommen. Der Kommunikationsvorgang ist dadurch sehr störanfällig. So wird in Mitarbeitergesprächen oft **nicht miteinander** geredet, sondern der Vorgesetzte redet **zu** dem Mitarbeiter (Abb. 6.5).

6.3.4.3 Kommunikationsstörungen

▶   *Wieso kommt es zu Kommunikationsstörungen und wie erkennt man sie?*

Menschen sind recht verschieden in Bezug auf die Art und Weise, sich mitzuteilen. **Sender**: Der Eine hat die Neigung, immer besonders sachlich zu sein (Betonung der Sachseite der Nachricht), ein anderer spricht gern und oft über sich selbst (Betonung der Selbstoffenbarungsseite der Nachricht). **Empfänger**: Der eine bezieht alles auf sich (Beziehungs-Ohr), ein anderer hört besonders empfindsam die in der Nachricht enthaltenen Forderungen an ihn (Appell-Ohr).

Reden nun Sender und Empfänger aneinander vorbei, kann es leicht zu **Kommunikationsstörungen** kommen. Unter dem Aspekt des Mitarbeitergesprächs können solche Störgrößen sein:

- Unpräzise oder keine Zielformulierung
- Schlechte Vorbereitung
- Fehlende Bereitschaft zur Analyse
- Mangelnde Dialogbereitschaft
- Der Vorgesetzte verharmlost Probleme, monologisiert, moralisiert, hört nicht zu, lässt den Mitarbeiter nicht ausreden, sendet Geringschätzungssignale usw.
- Fehlende Konsensbereitschaft
- Fehlende Bereitschaft für Kritik

Warnsignale für Kommunikationsstörungen im Gespräch können sein:

- Trotz, Ablehnung, Widerstand, Auflehnung
- Aggression, Vergeltungsmaßnahmen
- Fixierungen wie Sturheit, Rechthaberei, pedantischer Formalismus
- Ausweichen, Verleugnung der Wirklichkeit
- Selbstbeschuldigung (Selbstzweifel, Verkrampfung, Unsicherheit usw.)
- Verschiebung und Projektion (Ärger an Kleinigkeiten auslassen; an Unschuldigen sein Mütchen kühlen)
- Resignation, Depression
- Regression (maßlose Forderungen, Wunschdenken, Nachtragen usw.)
- Rationalisierung und Intellektualisierung (Motive bemänteln, mogeln, Zahlen frisieren u. ä.)

6.3.4.4 Klärungshilfen

▶ *Wie kann man nun Kommunikationsstörungen beheben oder gar nicht erst aufkommen lassen?*

Die ausgewogene Vier-Ohrigkeit gehört zu der kommunikations-psychologischen Grundausrüstung des Vorgesetzten
Die entscheidende Voraussetzung, das eigene Verhalten und die Art des Kommunikationsstils zu verändern oder zu verbessern, ist, die Wirkungsweise der eigenen Kommunikation im Umgang mit anderen zu kennen, zu erfahren. Von jemandem eine Antwort darauf zu erhalten, nennt man **Feedback** bekommen. Feedback kann in der zwischenmenschlichen Kommunikation gezielt eingesetzt werden, um eine Person darüber zu informieren (Olfert 2015),

- wie ihre Verhaltensweisen von anderen wahrgenommen (= **sachliche Beschreibung**),
- und erlebt (= **Mitteilung eigener Reaktionen**) werden und
- welche **Konsequenzen** der Feedback-Geber aus dem Verhalten des anderen für sich **zieht**.

Richtiges **Feedback** geben und empfangen will gelernt sein. Einige wichtige **Regeln**:

Feedback-Regeln für den Sender

- **Ich-Botschaft statt Du-Botschaft:** Du-Botschaften bringen den anderen in die Verteidigungsposition. Die herabsetzende Sie- oder Du-Botschaft ist ein Negativreiz. Negativreize belasten und verringern Selbstachtung und Selbstwertgefühl des Gesprächspartners. Die **Ich-Botschaft** formuliert senderbezogene Empfindungen oder Ansichten in Form von bewertungsfreien Feststellungen subjektiver Tatsachen. Dadurch wird weniger Widerstand und weniger Rechtfertigungs-/Verteidigungsverhalten herausgefordert. Der Sender erkennt, welche Reaktionen er beim Empfänger auslöst. Konfliktträchtige Botschaften lassen sich in der Ich-Form leichter senden.
- **Feedback auf begrenztes Verhalten beziehen:** Der Feedback-Geber sollte nicht irgendwann zur Generalabrechnung antreten. Dies kann zu tödlicher Beleidigung des Feedback-Empfängers und zum totalen Abbruch der Kommunikation führen. Besser ist es, kleine Störanlässe immer gleich anzusprechen.
- **Beschreiben – nicht bewerten:** Wer Rückmeldung gibt, beschreibt seine Wahrnehmungen und Beobachtungen – also das, was ihm am anderen aufgefallen ist. Und er beschreibt, was das in ihm selbst auslöst: Gefühle, Empfindungen, Fragen. Er fällt keine Werturteile, er macht keine Vorwürfe.
- **Feedback möglichst zeitnah geben:** Der Mensch lernt am besten, wenn die Rückmeldung auf gezeigtes Verhalten unmittelbar und sofort erfolgt.
- **Feedback nur geben, wenn es der Partner wünscht:** Wenn der Partner nicht um Feedback bittet, sollte er vorher gefragt werden, ob er an der Rückmeldung interessiert ist.
- **Immer zuerst positive Rückmeldungen:** Entweder positive *und* kritische Rückmeldungen oder gar keine – und die positiven immer zuerst.

Feedback-Regeln für den Empfänger

- **Feedback nur annehmen, wenn darauf eingestellt:** Wenn der Feedback-Empfänger glaubt, nicht angemessen darauf eingehen zu können, sollte er dies deutlich sagen und darum bitten, zu einem späteren Zeitpunkt ein intensives Feedback-Gespräch zu führen.
- **Feedback annehmen – nicht argumentieren und selbstrechtfertigen:** Der Feedback-Empfänger sollte nicht sofort eine Gegenantwort parat haben, sondern in Ruhe zuhören. Erlaubt sind nur Rückfragen, um sofort etwas klarzustellen.

Alles, was im Rahmen eines persönlichen Feedbacks gesprochen wird, bleibt ausschließlich im Kreis der Anwesenden und wird nicht nach außen getragen.

6.3.4.5 Führungsverhalten

▶ *Wie können die Ergebnisse der Kommunikationsforschung auf das Führungs-*
verhalten übertragen werden?

Aus den bisherigen Darstellungen kommunikationspsychologischer Aspekte hat sich
gezeigt, dass heute im Berufsleben kommunikative und soziale Tugenden ihren Bestand
haben sollten. Hierzu zählen **Verhaltensnormen** wie

* soziale Kompetenz,
* Integrationsfähigkeit (Fähigkeit zur Eingliederung),
* Wissen um die Grenzen der eigenen Fähigkeiten,
* Präzision, Eindeutigkeit und Verständlichkeit der Formulierungen,
* aktive Informationsverpflichtung,
* Fähigkeit zur Auseinandersetzung und Problemlösung,
* Gemeinsamkeit der Problemlösung,
* kreative und systematische Diskussionsleitung,
* Verständlichkeit, Freundlichkeit,
* auf andere eingehen; zuhören, was andere sagen,
* für andere da sein: Verantwortung für andere übernehmen.

Die Umsetzung dieser Verhaltensnormen erfolgt fast ausschließlich im Gespräch zwischen
Mitarbeitern und Vorgesetzten. Allerdings zeigt die Erfahrung, dass die Kommunikations-
bereitschaft und Kommunikationsfähigkeit noch viele Mängel aufweist. Führungskräfte
sollten das eigene Kommunikationsverhalten ständig kritisch überprüfen und verbessern.
Allerdings sollte für potenziellen Veränderungsbedarf nicht zu viel gleichzeitig trainiert
und verändert werden. In der Regel haben sich zwischen Vorgesetzten und Mitarbeitern
langfristig gewachsene und daher meist stabile Umgangsformen – positiv wie negativ –
entwickelt, die nur mittel- bis langfristig in eine andere Richtung korrigiert werden können.

Literatur

Blake, R., Mouton, J. S., Verhaltenspsychologie im Betrieb, 3. Aufl., München 1986.
Bröckermann, R., Personalwirtschaft, Stuttgart 2009.
Maslow, A. H., Motivation und Persönlichkeit, Reinbek bei Hamburg 2002.
McGregor, D., Der Mensch im Unternehmen, München 1982.
Olfert, K., Personalwirtschaft, Herne 2015.
Schulz v. Thun, F., Miteinander reden. Störungen und Klärungshilfen, Reinbeck bei Hamburg 2007.
Studienwerk der Frankfurt School of Finance & Management, Betriebswirtschaft, Teil 8, Personal-
    wesen, Frankfurt (laufende Aktualisierung).
Watzlawick, P. et al., Menschliche Kommunikation. Formen, Störungen, Paradoxien, 11. Aufl., Bern
    2007.

Projektmanagement 7

Zusammenfassung

Diese Kapitel verdeutlicht, wie man Projekte **plant, kontrolliert und zielgerichtet steuert**. Dadurch wird die **Bedeutung des Projektmanagements** bewusst. Im Einzelnen werden die **Aufbauorganisation von Projekten**, die wichtigsten **Schritte der Projektplanung und -kontrolle** sowie **praktische Instrumente** des Projektmanagements erläutert. Außerdem wird ein Überblick über die Aufbereitung der im Projekt anfallenden **Daten** und die **IT-Unterstützung** des Projektmanagements gegeben.

7.1 Grundlagen

Viele Unternehmen sehen sich neuen Aufgabenstellungen gegenüber. Ursache sind der weltweite Wettbewerb, die häufigen Produktwechsel und der Zwang zu permanenter Veränderung. Natürlich ist von diesen Änderungen auch die Art und Weise der Aufgabenbearbeitung betroffen. Der Anteil der Routineaufgaben nimmt ab, während zunehmend komplexe und neuartige Aufgaben anstehen, die in Form von **Projekten** abgewickelt werden müssen.

▶ *Was ist ein Projekt?*

Von einem Projekt spricht man, wenn bestimmte Merkmale erfüllt sind, die am Beispiel des Projekts „Errichtung eines neuen Produktionswerks" verdeutlicht werden sollen (Ausführliche Informationen bei: Fiedler 2016):

- **Zeitliche Begrenzung**
  Im Unterschied zu Daueraufgaben besitzen Projekte einen genau festgelegten Anfang und ein definiertes Ende. Sie sind meist zeitkritisch. Insbesondere bei Entwicklungsprojekten hängt der Unternehmenserfolg davon ab, dass ein neues Produkt schnell

und mit hoher Qualität auf den Markt kommt. Auch bei der Errichtung eines neuen Produktionswerks muss angegeben werden, wann die Arbeiten beginnen und bis wann das Projekt beendet ist, d. h. die Produktion aufgenommen werden kann.

- **Finanzielle und personelle Restriktionen**
  Das Kostenbudget und die Anzahl der im Projekt mitarbeitenden Personen sind beschränkt. Auch Räume, Hard- und Softwareausstattung sowie andere Ressourcen stehen nur in einem begrenzten Umfang zur Verfügung. Man muss deshalb überlegen, welche Mitarbeiter und Ressourcen in welcher Menge benötigt werden, um die Projektziele zu erreichen. Auch die voraussichtlich anfallenden Kosten sind zu bestimmen.

- **Festgelegtes Ziel**
  Ohne Ziel kein Projekt! Aus den Zielen leiten sich die Maßnahmen ab. Ein großes Problem in Projekten besteht darin, dass am Anfang keine messbaren Ziele definiert werden. Man ist also gut beraten, die Projektziele zusammen mit dem Management genau festzulegen und schriftlich zu fixieren. Ein wichtiges Ziel könnte sein, dass nicht mehr als 80 Millionen Euro für die Produktionsstätte ausgegeben werden.

- **Bereichsübergreifende Teamarbeit**
  Projekte zeichnen sich darin aus, dass mehrere Stellen aus meist unterschiedlichen Fachbereichen beteiligt sind. Dies wird gerade in unserem Beispiel deutlich: Nur durch die Zusammenarbeit mehrerer Bereiche (Logistik, Controlling, Produktion u. a.) kann das Produktionswerk aufgebaut werden. Die Arbeit eines Teams von verschiedenen Spezialisten führt zu sehr wirksamen und bei allen Beteiligten akzeptierten Lösungen. Häufig wird für das Projekt eine zeitlich begrenzte eigene Organisation neben der normalen Hierarchie eingerichtet.

- **Umfangreiches Vorhaben**
  Den hohen Aufwand für die Planung und Abwicklung eines Projektes wird man nur tätigen, wenn es sich um ein umfangreiches Vorhaben handelt. In unserem Fall ist dies gegeben.

- **Mit Unsicherheit und Risiko behaftet**
  Typisch für viele Projekte ist, dass man anfangs nicht weiß, ob die angestrebten Ziele überhaupt erreicht werden können. Häufig wird der Zeitrahmen nicht eingehalten, die Kosten werden weit überschritten, oder man ist nicht in der Lage, die erhoffte Leistung zu erbringen.

Eine Definition des Begriffs Projekt ist auch in der DIN 69 901 niedergelegt. Dort heißt es:

Ein Projekt ist „ein Vorhaben, das im Wesentlichen durch die Einmaligkeit der Bedingungen in ihrer Gesamtheit gekennzeichnet ist".

Ein Projekt unterscheidet sich von einer täglich anfallenden Aufgabe also hauptsächlich darin, dass es ein besonderes Ereignis ist. Wenn man normalerweise für die Abwicklung der Aufträge in einer Dreherei zuständig ist und plötzlich aufgrund der Einführung von Teamarbeit in der Werkstatt Mitarbeiter schulen muss, hat man ein Projekt. Dieses Projekt muss besonders sorgfältig geplant und sein Erfolg kontrolliert werden. Damit verbunden ist wohl zunächst ein erhöhter Kommunikations- und Koordinationsaufwand, aber insgesamt werden Geld und Zeit gespart.

Beispiele typischer Projekte sind in der Abb. 7.1 aufgeführt. Dort werden unterschiedliche Projekte nach Projektart, -größe und -komplexität unterteilt.

▶ *Was ist Projektmanagement?*

Bei der Durchführung von Projekten tauchen **Fragen** auf wie:

- Welche Auswirkungen haben Terminverzögerungen bei einzelnen Aufgaben auf das gesamte Projekt?
- Welche und wie viele Mitarbeiter werden benötigt?
- Stehen zu jeder Zeit genügend Mitarbeiter zur Verfügung?
- Welche Kosten fallen an?

		Projektgröße			Projekt-komplexität		
		1	2	3	1	2	3
Investition	Anschaffung einer komplexen Anlage	X				X	
Investition	Bau einer neuen Werkhalle		X			X	
Investition	Gründung eines Produktionswerks			X			X
Forschung und Entwicklung	Entwicklung eines neuen PKW			X			X
Forschung und Entwicklung	Entwicklung eines Medikaments			X			X
Forschung und Entwicklung	Entwicklung eines Software-Moduls		X			X	
Organisation	Optimierung von Prozessen		X			X	
Organisation	Zertifizierung nach ISO 9000		X		X		
Organisation	Organisation eines Firmenjubiläums	X			X		

1=klein/gering; 2=mittel; 3=groß

Abb. 7.1 Projektarten

Um diese und andere Fragen kurzfristig beantworten zu können, müssen die Verantwortlichen zu jeder Zeit einen Überblick über das Projekt haben. Dies ist bei komplexen
Projekten mit Hunderten von Teilaufgaben nur mittels **Projektmanagement** zu erreichen.

> Projektmanagement umfasst alle Leitungsaufgaben und Instrumente für **die Planung,
> Steuerung und Kontrolle eines Projekts**.

Projektmanagement ist nichts außergewöhnlich Neues. Wenn ein Familienvater in Eigen-
regie ein Haus baut, stellt er einen Zeitplan auf, damit ungefähr bekannt ist, wann er einziehen kann. Er überlegt sich die Kosten der einzelnen Gewerke, um die Finanzierung zu
planen. Außerdem macht er sich auf die Suche nach zuverlässigen Handwerkern. Und
natürlich muss er auch wissen, welche Ausstattung das Haus haben soll. Während des
Hausbaus kontrolliert er die Arbeit der Handwerker, überprüft, wie viele Kosten bereits
angefallen sind und schaut, ob der Zeitplan eingehalten werden kann. Damit betreibt er
klassisches Projektmanagement. Wenn man dem Familienvater sagen würde, er sei Pro-
jektmanager, würde er vermutlich verständnislos den Kopf schütteln und antworten:
„Nein, ich baue doch nur ein Haus!"

Projektmanagement ist auch keine Erfindung der Neuzeit. Bereits die alten Ägypter
mussten das Projekt „Bau einer Pyramide" managen (www.projektcontroller.de).

Das moderne Projektmanagement hat seinen Ursprung bei den großen Raumfahrt-
projekten der NASA in den 60er-Jahren. In Deutschland hat die Messerschmitt-Bölkow-
Blohm GmbH schon früh intensiv die Erkenntnisse des **Projektmanagements** bei der
Entwicklung militärischer Waffensysteme genutzt.

Projektmanagement beinhaltet nicht die Aktivitäten, die das zu lösende Problem selbst
betreffen, insbesondere nicht die fachlichen Beiträge zur Problemlösung, sondern das
Management des Problemlösungsprozesses. Projektmanagement hat folgende **Aufgaben**:

- Projektmanagement bestimmt das **„WER"** eines Projektes, z. B.:
  - die Aufbauorganisation für das Projekt
  - das Projektteam und den Projektleiter
  - die nötigen Entscheidungsinstanzen (z. B. den Lenkungsausschuss)

- Projektmanagement ermittelt das **„WAS"** eines Projektes, vor allem:
  - die Projektziele
  - die Projektaufgaben
  - personelle und finanzielle Ressourcen

- Projektmanagement betrachtet das **„WIE"** der Projektdurchführung, insbesondere:
  - die Vorgehensweise
  - die Planungs- und Kontrolltechniken

Projektmanagement dreht sich dabei immer um die drei folgenden Ziele (man spricht auch vom so genannten „magischen Dreieck"):

- **Leistungsziele**
  Die Errichtung einer reibungslos funktionierenden Fabrik ist z. B. ein Leistungsziel.
- **Terminziele**
  Man beschreibt das Projektende und bestimmte Zwischentermine. Die Errichtung einer Lagerhalle bis 15. September nächsten Jahres ist ein Terminziel.
- **Kostenziele**
  Man legt Obergrenzen für die Projektausgaben fest. In unserem Fall könnte das Kostenziel für die Lagerhalle bei acht Millionen Euro und für das gesamte Produktionswerk bei 80 Millionen Euro liegen.

Der Erfolg eines Projekts hängt nicht nur von den eingesetzten Methoden und Instrumenten ab. Wichtig sind auch die soziale und psychologische Kompetenz der Projektleitung und natürlich das Fachwissen und die Erfahrung der Projektbeteiligten.

Nicht zu unterschätzen ist die Bedeutung der „weichen Faktoren"! Hierzu gehören die Beziehungen innerhalb des Projektteams, also die Art und Weise des miteinander Umgehens. Auch die Kontakte zur Außenwelt (Auftraggeber, Betriebsrat, Management) beeinflussen entscheidend den Projektverlauf. Die Wichtigkeit dieser Faktoren kann durch die so genannte „Eisberg-Theorie" ausgedrückt werden. Sie besagt, dass entsprechend dem unsichtbaren Teil eines Eisbergs 7/8 des Projekterfolgs von den Beziehungen zwischen den Projektbeteiligten abhängen und nur 1/8 von der Sachebene, z. B. den eingesetzten Instrumenten. Auch wenn diese Theorie auf den ersten Blick extrem erscheint, zeigt sie doch den Stellenwert des „menschlichen Faktors" (Kiesel 2004).

7.2 Projektplanung

Die Planung ist kein einmaliger Prozess am Anfang eines Vorhabens, sondern sie muss **projektbegleitend** durchgeführt werden:

- Anfangs ist ein grober Plan für das gesamte Projekt notwendig.
- In der Folge werden zusätzlich detaillierte Pläne für die einzelnen Phasen aufgestellt.

Die wichtigsten Planungsschritte sind im Folgenden dargestellt (vgl. Abb. 7.2). Da die Planung sukzessive verfeinert wird, durchläuft man den Planungszyklus oder Teile davon mehrmals.

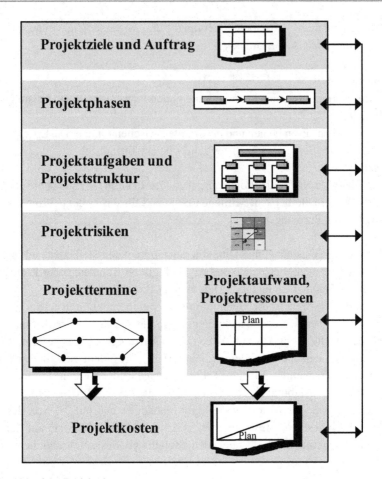

Abb. 7.2 Ablauf der Projektplanung

▶ *Welche Bedeutung haben Projektziele?*

Projektaufgaben werden nicht selten im so genannten „Kümmerer-Stil" übertragen.
Die Formulierung „…kümmern Sie sich doch einmal…" ersetzt dabei einen schrift-
lich genau fixierten Projektauftrag. Meist investiert der „Kümmerer" in der Folge viel
Zeit und Geld in eine Lösung, um vom Auftraggeber bei der Präsentation zu hören:
„Das haben wir uns aber ganz anders vorgestellt". Eine besondere Gefahr ist dieses
Management by „Machen-Sie-mal!" auch deswegen, weil dem Projektleiter gerne
viele Aufgaben und Pflichten übertragen werden, aber kaum Kompetenzen, Mitarbei-
ter und finanzielle Mittel. Deswegen ist es wichtig, schon frühzeitig einen detaillierten
Kontrakt über die erwarteten Leistungen zu formulieren, eben den **Projektauftrag**
(vgl. Abb. 7.3).

▶ *Welche Projektphasen sollte man unterscheiden?*

Projektbezeichnung: Errichtung eines Produktionswerkes in Tschechien	
Projektziel Im neuen Produktionswerk sollen täglich 1.000 Fahrräder produziert werden. Die Kosten gegenüber der bisherigen Herstellung müssen um 10 % sinken.	Was?
Ausgangssituation Die Fahrradproduktion ist im Vergleich zur internationalen Konkurrenz zu teuer.	Warum?
Projektabgrenzung Gegenstand des Projektes ist die Erarbeitung eines Gesamtkonzepts sowie die Überwachung und Steuerung der Projektdurchführung. Aufgabe ist es nicht, Verbesserungen der Produktionsanlagen oder der Produkte zu realisieren.	Was nicht?
Projektleitung Projektleiter ist der Abteilungsleiter Organisation, Stefan Schlau. Er hat volle fachliche Weisungsbefugnis in allen Belangen des Projektes.	Wer?
Projektteam N.N. (noch zu bestimmen)	
Lenkungsausschuss Der Lenkungsausschuss wird besetzt mit Mike Flitzer, Vorstandsvorsitzender, sowie dem kaufmännischen Leiter Gustav Gans und dem technischen Leiter Freiherr von Frust.	
Termine Das Projekt beginnt am 14. Februar 2018 und endet am 30. September 2019. Meilensteine werden noch bestimmt.	Wann?
Arbeitsaufwand und Budget Der Aufwand wird mit 360 Personenmonaten veranschlagt. Das Budget beträgt 80 Millionen Euro.	Wie viel?
Unterschriften	
—————————————— —————————————— Mike Flitzer (Vorstandsvorsitzender) Stefan Schlau (Projektleiter)	

Abb. 7.3 Projektauftrag

Jedes Projekt, unabhängig davon, ob es sich um die Organisation eines Geburtstages oder den Bau eines Produktionswerkes handelt, durchläuft zwischen Projektbeginn und -ende verschiedene Phasen. Die Unterteilung des gesamten Projektverlaufs in einzelne abgegrenzte Schritte, wie z. B. Planung, Konzeption, Realisierung, Abschluss, ist eine wichtige Aufgabe der Projektplanung. Die Projektleitung behält dadurch den Überblick. Außerdem kann sie sich jeweils auf die unmittelbar bevorstehende Phase konzentrieren, spätere Phasen müssen noch nicht im Detail geplant werden.

▶ *Wie plant man Projektaufgaben?*

Mit dem Projektstrukturplan wird die Gesamtaufgabe des Projekts in Teilaufgaben gegliedert (vgl. Abb. 7.6). Er beschreibt das „WAS".

Die unterste Gliederungsebene des Projektstrukturplans sind die **Arbeitspakete**. Den einzelnen Arbeitspaketen sollten Informationen über Dauer, Kapazitätsbedarfe, verantwortliche Teammitglieder und Kosten zugeordnet werden.

▶ *Wie erkennt man Projektrisiken?*

Projekte sind definitionsgemäß mit Risiken behaftet. Deshalb ist die Beantwortung der Frage „Was könnte schiefgehen?" wichtig für den Projekterfolg. Grundlage der Risikoanalyse sind die Arbeitspakete des Projektstrukturplans. Wenn die einzelnen Aufgaben des Projektes und deren Leistungsbeschreibung bekannt sind, können mögliche Risiken systematisch identifiziert und bewertet werden. Für besonders schwerwiegende Risiken müssen Vorsorgemaßnahmen eingeleitet werden. Im Laufe des Projektes sollten alle gefundenen Risiken permanent beobachtet werden.

▶ *Wie ermittelt man die Projektdauer?*

Der Projektstrukturplan gibt keine Auskunft über die sachlogische Ausführungsreihenfolge. Dafür verwendet man die Vorgangsliste, die aus dem Projektstrukturplan abgeleitet wird (vgl. Abb. 7.6). Sie zeigt die sachlich-logischen Abhängigkeiten zwischen den Arbeitspaketen und die Reihenfolge ihrer Abarbeitung. Die Vorgangsliste verdeutlicht auch parallel ablaufende Arbeitspakete, Überlappungen zwischen Arbeitspaketen oder Zeitabstände. Wenn beispielsweise die Arbeiten des Nachfolgers schon starten, auch wenn der Vorgänger noch nicht abgeschlossen ist, spricht man von Überlappung. Beginnen nachfolgende Arbeiten erst eine gewisse Zeit nach Beendigung des Vorgängers, handelt es sich um einen Zeitabstand.

Auf der Basis der Vorgangsliste und der geschätzten Dauer jedes Arbeitspaketes können die Start- und Endtermine aller Arbeitspakete und des gesamten Projektes festgelegt werden. Außerdem müssen **Meilensteine** definiert werden. Das sind Haltepunkte im Projekt, an denen definierte Projektergebnisse vorliegen müssen. Wird ein Meilenstein erreicht, prüft man das bisher Erreichte und legt die weitere Vorgehensweise fest. Die wichtigsten Meilensteine stehen am Übergang von einer Projektphase zur nächsten. Der **Terminplan**, oft in Form eines sogenannten Gantt-Diagramms dargestellt (vgl. Abb. 7.6), verdeutlicht die Projektdauer, die Meilensteine und vor allem den kritischen Weg.

> Der **kritische Weg** kennzeichnet all jene Arbeitspakete, die sich keinesfalls verzögern dürfen, weil sich sonst das gesamte Projekt verlängern würde.

▶ *Wie ermittelt man den Ressourcenbedarf?*

Unter Ressourcen versteht man Mitarbeiter, Material und Sachmittel. Bisher gingen wir davon aus, dass die Ressourcen unbegrenzt zur Verfügung stehen. Dies ist in der Praxis natürlich nicht der Fall. Deswegen müssen wir jetzt die Ressourcen mit in unsere Planung einbeziehen.

Für jedes Arbeitspaket muss man angeben, welche Ressourcenart in welcher Menge und Qualität benötigt wird.

Stehen die benötigten Kapazitäten zu einem bestimmten Zeitpunkt nicht zur Verfügung, muss dieser Spitzenbedarf durch einen **Kapazitätsausgleich** abgebaut werden. Das kann z. B. durch Überstunden oder zusätzliche Mitarbeiter geschehen. Ziel ist es, dass das Angebot und die Nachfrage nach Ressourcen übereinstimmen.

▶ *Wie werden die Projektkosten geplant?*

Die vorliegende Planung der Aufgaben und ihrer Risiken, des Aufwands, der Termine und Ressourcen ist Grundlage für die Kostenplanung. Kosten werden pro Arbeitspaket geplant und über die verschiedenen Ebenen des Projektstrukturplans bis zu den Gesamtprojektkosten kumuliert.

In vielen Projekten entfällt der größte Kostenanteil auf die **Personalkosten**. Um die Personalkosten zu ermitteln, wird der pro Mitarbeiter geplante Stundenaufwand mit Stundensätzen multipliziert.

Sachkosten, z. B. Kosten für den Materialverbrauch, werden errechnet, indem die geplante Einsatzmenge mit dem zugehörigen Kostensatz bewertet wird.

Während Personal- und Sachkosten in einem direkten Bezug zu den Projektleistungen stehen und genau geplant werden, ist dies bei vielen anderen Kosten nicht der Fall. Kosten für die Nutzung des Kopierers, von Büroräumen, der EDV-Anlage, der Kantine oder für allgemeine Verwaltungsleistungen werden nicht direkt für das Projekt erfasst. Entweder, weil dies gar nicht möglich ist (welcher Gehaltsanteil des Pförtners entfällt auf ein bestimmtes Projekt?) oder weil der Erfassungsaufwand zu hoch wäre. Diese so genannten **Gemeinkosten** verrechnet man in vielen Unternehmen pauschal über prozentuale Zuschläge auf die direkt zurechenbaren Projektkosten.

Die Projektkostenplanung wird in Abhängigkeit des Projektfortschrittes schrittweise verfeinert. Während man zu Beginn auf der Grundlage einer **groben Aufwandsermittlung** Kosten schätzt, können mit zunehmender Projektdauer genauere Kalkulationen durchgeführt werden. Je weiter das Projekt fortschreitet, desto besser wird die Datengrundlage für die Kostenbestimmung.

▶ *Wie kann die Aufbauorganisation aussehen?*

Ein Projekt ist eine besondere Aufgabe, die man oft nicht innerhalb der normalen Hierarchie abwickeln kann. Ein Grund liegt darin, dass Spezialisten aus unterschiedlichen Fachbereichen nur schwer zusammenarbeiten können. Häufig sind die Zuständigkeiten strittig, Klärungen dauern lange. Wichtige Projekte erfordern deshalb eine **eigene Projektorganisation**. Möglich sind Stabsprojektorganisation, Matrixprojektorganisation und reine Projektorganisation. In der Praxis existieren weitere Ausprägungen.

Stabsprojektorganisation
Bei einer Stabsprojektorganisation wird ein Mitarbeiter in Stabsposition mit der Leitung des Projekts beauftragt (meist nebenamtlich). Wichtige Entscheidungen sind übergeordneten Instanzen vorbehalten. Der Projektleiter hat weder disziplinarische noch fachliche Weisungsbefugnis. Er ist Moderator und Koordinator. Die Stabsprojektorganisation wird aufgrund der vergleichsweise geringen Kompetenzen des Projektleiters auch als „Einfluss-Projektmanagement" (Influenced Project Management) bezeichnet. Die Projektmitarbeiter verbleiben in ihrer Abteilung.

Matrixprojektorganisation
Bei einer Matrixprojektorganisation überlagern sich Linien- und Projektorganisation. Die Kompetenzen des Projektleiters sind stärker als in der Stabsprojektorganisation. Er besitzt projektbezogene fachliche Weisungsbefugnisse gegenüber den Fachabteilungen. Mitarbeiter des Projekts unterstehen disziplinarisch ihrem Abteilungsleiter, in Angelegenheiten, die das Projekt betreffen, dem Projektleiter. Der Projektleiter bestimmt grundsätzlich, was wann in Bezug auf das Projekt zu tun ist. Die Mitglieder des Projektteams verbleiben in ihren Abteilungen.

Reine Projektorganisation
Bei der reinen Projektorganisation, auch Task Force genannt, werden eigene Organisationseinheiten für die ausschließliche Erfüllung von Projektaufgaben zeitlich befristet gebildet. Der Projektleiter verfügt wie eine Linieninstanz über eigene personelle und sachliche Ressourcen, seine Kompetenz und Verantwortung sind vergleichsweise hoch. Die Projektmitarbeiter werden für die Dauer des Projekts aus ihren Fachabteilungen vollständig herausgelöst. Sie unterstehen fachlich und disziplinarisch der Projektleitung. In den Projektteams arbeiten häufig auch externe Berater mit.

Stellt man die Organisationsformen eines Projektes hinsichtlich der **Beeinflussbarkeit von Leistung, Kosten und Terminen** gegenüber, so kann man Folgendes feststellen:

Bei einer Stabsprojektorganisation kann der Projektleiter diese Größen nur unzureichend steuern. Für wichtige Vorhaben wird man deswegen auf die Matrix- oder die reine Projektorganisation zurückgreifen. Die reine Projektorganisation bietet sich immer dann an, wenn die Erzielung einer größtmöglichen Leistung noch wichtiger als Kostenaspekte ist.

Zur Festlegung der Aufbauorganisation gehört auch, zu bestimmen, wer **Projektleiter** wird und wie sich das **Projektteam** zusammensetzt. Bei größeren Projekten sind zusätzliche **Entscheidungsgremien** zu installieren.

7.3   Projektsteuerung und -kontrolle

Für die Projektsteuerung ist eine laufende und effektive Projektkontrolle erforderlich. Grundvoraussetzung der Kontrolle ist neben einer **sorgfältigen Planung** eine regelmäßige, korrekte und zeitnahe **Erfassung der Ist-Daten**. In vielen Projekten bereitet die Datenbeschaffung jedoch Probleme.

Im Regelfall werden Abweichungen gegenüber der Planung auftreten. Handelt es sich um kritische Abweichungen, durch die wichtige Projektziele gefährdet sind, muss die Projektleitung umgehend geeignete Gegenmaßnahmen einleiten. Die Projektsteuerung umfasst also im Einzelnen (Ausführliche Informationen: Fiedler 2016):

- die Ermittlung der Ist-Daten,
- die Gegenüberstellung der entsprechenden Plandaten,
- die Untersuchung der aufgetretenen Abweichungen, mit dem Ziel, deren Ursachen herauszufinden, und gegebenenfalls
- die Planung und Einleitung von Gegenmaßnahmen.

▶   *Welche Größen müssen gesteuert werden?*

Im Rahmen der Projektkontrolle überprüft man (vgl. Abb. 7.4):

- Leistungen (Aufgabeninhalte, Qualität)
- Termine
- Kosten

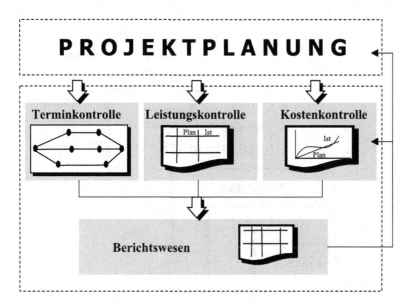

Abb. 7.4   Projektkontrolle und Berichtswesen

Diese drei Größen sollten immer zusammen betrachtet werden. Liegt z. B. eine Kostenüberschreitung vor, kann dies durch unwirtschaftliches Handeln bedingt sein. Genauso gut könnte der Grund aber in einer unplanmäßigen Mehrleistung liegen, oder es wurden teure Überstunden angeordnet, um die Projektdauer zu verkürzen.

▶ *Wie müssen Projektberichte aufgebaut sein?*

Ein gut ausgebautes Berichtswesen zeigt Kostenüberschreitungen, Leistungsverzug und andere Fehlentwicklungen früh auf. Es muss jederzeit einen aktuellen Überblick über den Stand der Projektarbeiten hinsichtlich der Termine, Leistungen und Kosten geben können. Werden schwerwiegende Abweichungen ausgewiesen, müssen Maßnahmen geplant und durchgeführt werden. Stellt man fest, dass der Projektplan nicht mehr den aktuellen Gegebenheiten entspricht, ist er anzupassen.

Das Berichtswesen bildet damit eine Grundvoraussetzung für die erfolgreiche Projektsteuerung.

Wesentlicher Bestandteil des Projektberichtswesens ist der **Fortschrittsbericht**. Er soll die Projektausschüsse periodisch in kurzer und prägnanter Art über den Projektstand informieren. Basis muss der Projektstrukturplan sein. Aus den einzelnen Berichtspunkten sollte man erkennen, ob alles wie geplant abläuft, welche Abweichungen und welche Probleme existieren oder sich entwickeln können. Der Fortschrittsbericht umfasst z. B. die in Abb. 7.5 dargestellten Inhalte.

Regelmäßige Fortschrittsberichte schaffen Vertrauen in die Qualität des Projektmanagements. Wichtig ist dabei die Festlegung einer angemessenen Berichtshäufigkeit. Um bei den Kosten einen „Kostenblindflug" zu vermeiden, sind kurze Berichtsintervalle anzustreben;

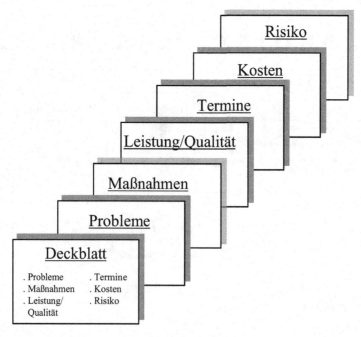

Abb. 7.5 Aufbau und Inhalte eines Projektfortschrittsberichts

jedoch nicht so kurz, dass die Kostenabweichungen an Bedeutung und Aussagefähigkeit verlieren, weil sie zu sehr von kurzfristigen Zufallsschwankungen beeinflusst werden.

Alle projektrelevanten Unterlagen sollten zentral in einer **Projektakte**, die jedem Beteiligten zugänglich ist, gesammelt werden. Bereitzustellen sind wichtige Projektdokumente (Projektauftrag, Pflichtenheft, Projektorganisation, Projektstrukturplan, Terminpläne) und Protokolle der Projektbesprechungen mit den Beschlüssen. Zusätzlich zu empfehlen ist eine Projektchronologie, die im Überblick den zeitlichen Ablauf wichtiger Entscheidungen, Probleme und Maßnahmen festhält. Sinnvoll ist zudem eine kompakte Zusammenstellung der Projekterfahrungen, so dass diese auch in Folgeprojekten genutzt werden können. Durch das Aufzeigen und Bewerten bedeutsamer Unterschiede zwischen der Planung und dem Istverlauf bei Kosten, Leistungen und Terminen wird ein Lernprozess unterstützt, der hilft, spätere Projekte effizienter abzuwickeln.

7.4 IT-Unterstützung des Projektmanagements

PC-gestützte Projektmanagementsysteme erleichtern die Planung und Steuerung auch kleiner Projekte. Die heute angebotene Software besitzt meist einen vielfältigen Funktionsumfang, ist sehr leistungsfähig, benutzerfreundlich und kostengünstig in der Anschaffung. Solche Systeme generieren automatisch Projektberichte in unterschiedlichen Verdichtungsstufen, weisen den Benutzer auf kritische Vorgänge hin, zeigen Zeitreserven und warnen bei inkonsistenten Eingaben, z. B. wenn die Kapazität begrenzter Personalressourcen überschritten wird. Durch Simulationen kann die Projektplanung optimiert werden. Man erkennt schnell die Auswirkungen von Terminveränderungen.

7.5 Checklisten

Projektplanung

- Sind alle Arbeitspakete eindeutig bestimmt?
- Sind alle Abhängigkeiten zwischen den Vorgängen (Arbeitspaketen) festgelegt?
- Sind die zeitlichen Überlappungen und Zeitabstände definiert?
- Ist der Aufwand für die Vorgänge grob spezifiziert?
- Wann sind welche Meilensteine geplant?
- Ist der kritische Weg dokumentiert?
- Welche Ressourcen werden in welcher Menge benötig?
- Wie lange werden die Ressourcen benötigt und wann müssen sie zur Verfügung stehen?
- Welche Qualifikation muss das benötigte Personal besitzen?
- Sind Qualifikationslücken vorhanden?
- Kann der Personalbedarf zu jedem Zeitpunkt gedeckt werden, oder müssen einzelne Vorgänge in Phasen mit geringer Kapazitätsbelastung verschoben werden?
- Wie hoch sind die Stundenverrechnungssätze?
- Sind Preiserhöhungen beachtet worden?
- Welche Kosten sind fix, welche leistungsabhängig?

Projektsteuerung und -kontrolle

- Ist der Fertigstellungsgrad der einzelnen Arbeitspakete bekannt?
- Welche Qualitätsmängel haben sich gezeigt?
- Welche Arbeitspakete haben ein erhebliches Leistungsdefizit?
- Was sind die Ursachen der Leistungsabweichungen?
- Wie wird sich der Leistungsfortschritt zukünftig verhalten?
- Welche Korrekturmaßnahmen können eingeleitet werden?
- Welche bereits getätigten Fremdleistungen liegen noch nicht als Rechnung vor?
- Sind die Istkosten aktuell?
- Entspricht die Leistung dem Plan?
- Zeichnen sich Trends und Problemzentren bei der Kosten- und Leistungsabweichung ab?
- Was sind die Ursachen der Kostenabweichungen?
- Wie werden sich die Kosten künftig entwickeln (Restkostenschätzung)?
- Welche Arbeitspakete haben erhebliche Terminüberschreitung?
- Was sind die Ursachen der Terminüberschreitungen?
- Wie lange dauert das Projekt voraussichtlich noch?

Projektberichtswesen

- Sind die Zuständigkeiten für die Berichtserstellung geklärt?
- Welche Informationen sollen wie detailliert zur Verfügung gestellt werden?
- In welcher Form sind die Informationen bereitzustellen?
- Wer soll die Berichte erhalten (auch Unterauftragnehmer)?
- Auf welchem Medium sollen die Berichte bereitgestellt werden (Papier, Bildschirm)?

IT-Unterstützung des Projektmanagements

- Welches Zeitraster und welcher Planungshorizont sind verfügbar?
- Kann ein projektübergreifender Ressourcenpool verwaltet werden?
- Welche Möglichkeiten der Ressourcenplanung werden geboten?
- Welche Ressourcen können unterschieden werden?
- Ist eine automatische Rückmeldung der Projektmitarbeiter möglich?
- Existiert eine Schnittstelle zu den operativen IT-Systemen?
- Wird eine Multiprojektplanung unterstützt?
- Können Simulationen durchgeführt werden?
- Können verschiedene Planstände gegenübergestellt werden?
- Werden Projektberichte automatisch erzeugt?
- Gibt es Übersichten mit den Arbeitspaketen, die eine signifikante Abweichung aufweisen?
- Werden Auslastungsdiagramme zur Verfügung gestellt?
- Welche Möglichkeiten des Sortierens, Selektierens und Verdichtens der Informationen werden geboten?
- Ist Datensicherung und Datenschutz gewährleistet?

7.6   Beispiel

Wie bereits im Beispiel des Kapitels Organisation beschrieben, plant die Flitzer AG die Gründung eines Fahrradwerkes in Tschechien. Stefan Schlau, der Organisationsleiter, wird gemeinsam mit Baldur Speiche, Leiter Produktion, und Dr. Alles-Klar, Leiter Controlling, vom Vorstand beauftragt, einen Terminplan für die Projektdurchführung zu erarbeiten. Zusammen mit seinen Kollegen sammelt Schlau zunächst die wichtigsten Projektaufgaben und stellt sie mit einem Projektstrukturplan übersichtlich dar. Auf dieser Grundlage werden die logischen Abhängigkeiten zwischen den Arbeitspaketen in der Vorgangsliste dokumentiert und zusätzlich die Dauer jedes Arbeitspakets geschätzt. Es wird ein Balkenplan generiert, der die Terminplanung, Meilensteine und den kritischen Weg verdeutlicht (vgl. Abb. 7.6).

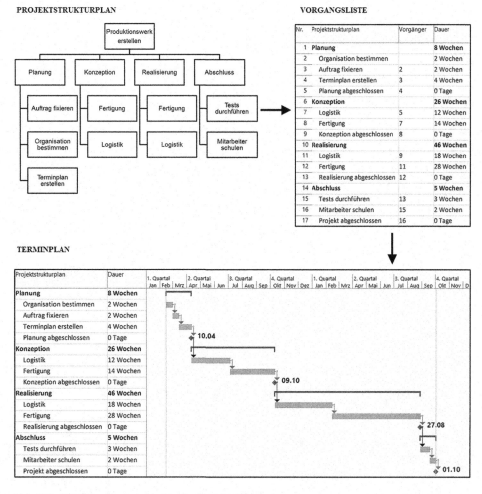

Abb. 7.6 Wichtige Prozessschritte der Projektplanung

Literatur

Fiedler, R., Controlling von Projekten, 7. Aufl., Braunschweig/Wiesbaden 2016.
Kiesel, M., Internationales Projektmanagement, Köln, Wien 2004.

Stichwortverzeichnis

A

ABC-Analyse, 89
Absatzplan, 114
Abschöpfungsstrategie, 71
Abteilungsbildung, 95, 97
Abweichungen, 58
Aktivtausch, 111
Allgemeine Kostenstelle, 42
Ambulanzhandel, 87
Amortisationsrechnung, 130
Anzahlungen, 123–124
Arbeitspaket, 162
Aufgabenanalyse, 95
Aufgabenart, 97
Aufgabengliederung, 95
Auftragsfertigung, 49
Aufwand, 31–32
Ausführungsstellen, 96
Außendienstpromotion, 84
Außenfinanzierung, 123
Axiome nach Watzlawick, 148

B

Bedürfnishierarchie, 143
Bedürfnispyramide, 143
Befugnisumfang, 97
Beschäftigungsabweichung, 57, 59
Beschäftigungsgrad, 37
Bestandsbewertung, 30

Beteiligungsfinanzierung, 122
Betriebsergebnisrechnung, 31, 54
Bewertung, 32, 34
Bewertung und Auswahl, 105
Beziehungen, zwischenmenschliche, 147
Bezugsgröße, 48
Bilanzverlängerung, 112–113
Branchenanalyse, 14
Budgetplanung, 7, 9

C

Chancen/Risikenanalyse, 11

D

Darlehen, 124
Deckungsbeitrag, 61
Deckungsbeitragsrechnung, 61
Desinvestition, 110
Differenzierungsstrategie, 24
Disposition, 94
Distanzhandel, 87
Divisionale Organisation, 99
Durchlaufzeit, 103

E

Eigenkapital, 122
Einliniensystem, 98
Einzelfertigung, 49

© Springer Fachmedien Wiesbaden GmbH 2017
N. Carl et al., *BWL kompakt und verständlich*, DOI 10.1007/978-3-658-17064-6

Einzelkosten, 37–38
Endstellenkosten, 46
Entsorgung, 69
Erfolgsrechnung, 31, 54
Erhebung und Analyse, 105
Ertrag, 34
Event-Marketing, 84

F
Feedback-Regeln, 152
Fertigfabrikate, 113
Fertigungseinzelkosten, 49
Fertigungsgemeinkosten, 49
Finanzierungsarten, 122
Finanzmittelrückfluss, 113
fixe Kosten, 37–38
Fokussierungsstrategie, 22, 25
Forschung, gruppendynamische, 145
Forschungs- und Entwicklungsgemeinkosten, 51
Fortschreibungsmethode, 39
Fremdkapital, 122
Fremdleistungskosten, 40
Führung, Anforderungenandie, 138
Führungsaufgaben, 137
Führungsstile, 139
Führungsverhalten, 139, 153

G
Garantie, 123
Garantieleistungen, 68–69
Geldmarkt, 124
Gemeinkosten, 37, 164
Gesamtkostenverfahren, 54
Geschäftsprozess, 101
Gewinn- und Verlustrechnung, 115
Gleichungsverfahren, 45
Grenzplankostenrechnung, 60
Grundkapital, 123
Grundkosten, 32
Grundleistung, 34
Gruppenbildung, 145
Gruppen, formelle, 145
Gruppen, informelle, 145
Gütertausch, 31
Güterverbrauch, 32
güterwirtschaftlichen Prozesse, 109

H
Händlerpromotion, 84
Haftungsuntergrenze, 123
Handelsbetriebe, 87
Handelsmittler, 86
Handelsvertreter, 80, 87
Hauptkostenstelle, 42
Herstellkosten, 51
Herstellungskosten, 112
Hilfskostenstelle, 42

I
indirekte Leistungen, 45
Individualpreis, 73
Individualpsychologie, 143
Industrieobligation, 125
Informationslogistik, 90
Innenfinanzierung, 113, 122, 125
Innerbetriebliche Leistung, 34
Innerbetriebliche Leistungsverrechnung, 45
Investitionsrechnung, 128

K
Käufermarkt, 65
Kalkulation, 31
Kalkulationsaufgabe, 29
Kalkulationspositionen, 49
Kalkulationsschema, 49
Kalkulatorische Abschreibung, 39
Kapitalarten, 110
Kapitalbeschaffung, 110
Kapitalerhöhung, 110
Kapitalpositionen, 113
Key-Account, 83
kognitive Dissonanzen, 82
Kommissionär, 87
Kommissionierung, 91
Kommunikation, interpersonales Geschehen der, 148
Kommunikation, soziale Ausprägung der, 147
Kommunikationsstörungen, 150–151
Kommunikation, Strukturen der, 147
Kommunikation, Theorie menschlicher, 148
Konkurs, 110
Kontokorrentkredit, 124
Konzept des komplexen Menschen, 142

Konzept des ökonomischen Menschen, 142
Konzept des sozialen Menschen, 142
Kosten, 31–32
Kostenartenrechnung, 30
Kostenerfassung, 36
Kostenführerschaft, 22
Kostengliederung, 36
Kostenkontrolle, 42
Kostenplanung, 57
Kostenstellenbildung, 42
Kostenstellenrechnung, 30, 41
Kostenträgerrechnung, 31
Kostenträgerstückrechnung, 31
Kostenträgerzeitrechnung, 31
Kostenvergleichsverfahren, 128
Kundendienst, 68
kurzfristige Erfolgsrechnung, 54

L
Lagerhaltungspläne, 114
Leasing, 75
Leistung, 34
Leistungsaustauschmatrix, 45
Leistungsprozess, 3
Leistungsverrechnung, innerbetriebliche, 45
Leitungsstellen, 96
Lieferantenkredit, 124
Lieferbereitschaft, 89
Lieferzeit, 89
Lieferzuverlässigkeit, 90
lineare Abschreibung, 40
Liquiditätsengpässen, 115
Liquiditätsplanung, 117
Lösungssuche, 105

M
Makler, 87
Management by Delegation, 140
Management by Exception, 140
Management by Objectives, 140
Marketing-Logistik, 89
Marktanalyse, 12
Marktleistung, 34
Maschinenstundensatzrechnung, 54
Maslow, 143
Materialarten, 38

Materialeinzelkosten, 49
Materialentnahmeschein, 39
Materialgemeinkosten, 49
Materialkosten, 38
Mathematisches Verfahren, 45
Matrixorganisation, 99
McGregor, 143
Mehrliniensystem, 98
Mengenabweichung, 59
Messen und Ausstellungen, 84
Mitarbeitergespräch, 147
Mittelfristplanung, 8
Motivationspsychologie, 143

N
Nachrichten-Empfänger, 150
Nachrichtenquadrat, 150
Nachrichten-Sender, 150
Neutraler Aufwand, 33
Neutraler Ertrag, 35
Normalkosten, 30

O
Organisation, 93
Organisationsformen, 98
Organisationspsychologie, 141

P
pay-back-period, 130
Penetrationsstrategie, 71
Pensionsrückstellungen, 126
persönlicher Verkauf, 80
Persönlichkeitstheorien, 142
Personalkosten, 38
Plankosten, verrechnete, 57
Planung, 5
 -sprozess, 6
Planverrechnungssatz, 59
Präferenzen, 77
Präferenzstrategie, 24
Preisabweichung, 57
Preisbeurteilung, 29
Preisdifferenzierung, 73
primäre Gemeinkosten, 43
primäre Kostenarten, 36

Produktionsfaktoren, 1
Programm, 67
Programmexpansion, 67
Projektablauf, 163
Projektkontrolle, 165
Projektmanagement, 157
Publik Relations, 84

Q
Qualitätsführerschaft, 21

R
Rabatt, 74
Rabattgesetz, 83
Rechnungswesen, 29
Reinvestition, 122
Residenzhandel, 87

S
Schaltkosten, 77
Schulz von Thun, 150
Selbstfinanzierung, 122
Selbstkosten, 51
Sender, 76
Serienfertigung, 49
Servicepolitik, 68
simultanes Gleichungsverfahren, 45
Skimmingstrategie, 71
Skontrationsrechnung, 39
Soll-Ist-Vergleich, 59
Sollkosten, 30, 57
Sondereinzelkosten der Fertigung, 49
Sondereinzelkosten des Vertriebs, 51
Sondergemeinkosten der Fertigung, 51
Soziogramm, 146
Sponsoring, 85
Sprachstile, 148
Sprachstil, elaborierter, 148
Sprachstil, restringierter, 148
sprungfixe Kosten, 37
Stabsstellen, 96
Stärken/Schwächenanalyse, 11
Stammkapital, 123
Stellenbildung, 95
Stelleneinzelkosten, 37, 43

Stellengemeinkosten, 37, 43
Steuern, 41
stiller Reserven, 126
stille Selbstfinanzierung, 125
Strategische Planung, 8
Substanzerhaltung, 32
Substitutionsprodukt, 73
Sukzessivplanung, 9
SWOT-Analyse, 18

T
Tensororganisation, 100
TheorieX, 143
TheorieY, 144

U
Überdeckung, 56
Überliquidität, 117
Umsatzkostenverfahren, 54
Umweltanalyse, 12
Unterdeckung, 56
Unternehmensanalyse, 18
Unternehmensplanung, 115

V
variable Kosten, 37–38
Verbraucherpromotion, 83
Verbrauchsabweichung, 57–58
Verhaltensgitter(Blake/Mouton, 139
Verhaltensnormen, 153
Verkäufermarkt, 65
Verkaufsförderung, 83
verrechnete Plankosten, 57
Vertriebsgemeinkosten, 51
Vertriebskette, 87
Verwaltungskosten, 51
Vorgangsliste, 163

W
Wagniskosten, 40
Warenlogistik, 91
Warnsignale, 151
Watzlawick, 148
Werbebotschaft, 77

Werbemedien, 78
Werbung, 76
Wettbewerbsstrategie, 20
Wiedergewinnungszeitraum, 130
Würdigung, 105

Z
Zahlungsmittelbedarf, 117
Zahlungsmittelüberschuss, 117
Zahlungsunfähigkeit, 117

Zielfestlegung, 141
Zielkatalog, 141
Zielsystem, 3
Zielvereinbarung, 140
Zusatzkosten, 33
Zusatzleistung, 35
Zuschlagsbasis, 48
Zuschlagskalkulation, 49
Zuschlagssatz, 48
Zweckaufwand, 32
Zweckertrag, 34

Printed in the United States
By Bookmasters